日本エネルギー学会　編
シリーズ　21世紀のエネルギー ①

21世紀が危ない
― 環境問題とエネルギー ―

工学博士　小島　紀徳　著

コロナ社

日本エネルギー学会
「シリーズ　21世紀のエネルギー」編集委員会

委員長	堀尾　正靱	（東京農工大学）
委　員	上宮　成之	（成蹊大学）
（五十音順）	河村　哲男	（東京電力株式会社）
	黒木　正章	（東京ガス株式会社）
	小林　繁鋪	（東電設計株式会社）
	二夕村　森	（資源環境技術総合研究所）
	山田　修二	（出光興産株式会社）

（2001年1月現在）

刊行のことば

　科学技術文明の爆発的な展開が生み出した資源問題，人口問題，地球環境問題は 21 世紀にもさらに深刻化の一途をたどっており，人類が解決しなければならない大きな課題となっています。なかでも，私たちの生活に深くかかわっている「エネルギー問題」は，上記三つのすべてを包括したきわめて大きな広がりと深さを持っているばかりでなく，景気変動や中東問題など，目まぐるしい変化の中にあり，電力規制緩和や炭素税問題，リサイクル論など毎日の新聞やテレビを賑わしています。

　一方で，エネルギー科学技術は，導電性高分子や，急速な発展が続いている電池技術など，基礎科学や，材料技術などにも深く関係した，面白い話題にあふれています。

　2002 年に創立 80 周年を迎える日本エネルギー学会では，エネルギー問題をより広い俯瞰的視野のもとに検討していく「エネルギー学」の構築を 21 世紀初頭の課題として掲げています。

　新しいパラダイムであるエネルギー学の構築のためには，自然科学系だけでなく人文・社会系の研究者や，各分野の実務専門家との共同作業が必要です。そしていま，そのための議論を，次世代を担う学生諸君をはじめ，広く市民に発信していこうと考えております。

　第一線の専門家に執筆をおねがいした本「シリーズ 21 世紀のエネルギー」の刊行は，「大きなエネルギー問題をやさしい言葉で！」「エネルギー先端研究の話題を面白く！」を目標に，知的好奇心に訴える楽しい読み物として，市民，学生諸君，あるいは分野の異なる専門家各位にお届けする試みです。持続可能な科学技術文明の展開を思索するための書として，勉強会，講義・演習などのテキストや参考書として，本シリーズをご活用ください。また，本シリー

ズの続刊のために皆様のご意見を日本エネルギー学会にお寄せいただければ幸いです。

　最後になりますが，この場をお借りして，長い準備期間の間，企画，読み合わせ等編集作業にご尽力いただいた編集委員各位，学会事務局，著者の皆様，またコロナ社に，心から御礼申し上げます。

　　2001年2月

「シリーズ　21世紀のエネルギー」
編集委員長　堀尾　正靱

はじめに

　20世紀から21世紀に。本書を手にとられたあなたはノストラダムスの大予言を無事切り抜けることができたということだろうか？　それとも……？
　最近，「地球が危ない」，といわれているが，本当にそうなのだろうか。新聞やテレビで騒いでいるだけのような気もするが，その一方で，私たちが環境に優しいと思っていることは，本当に地球に優しいのだろうか？　もしかしたら，いくら努力しても結局なんの役にも立たないのではないか？　と，思ってはいないだろうか。
　しかし，私たちは，私たちに対してばかりではなく，つぎの世代に対しても無責任ではいられない。この地球がどうなっていて，どうすれば地球を守れるのか，そしてそのために私たちはなにをすべきなのかを考えなくてはならない。だからこそ，ここでは，なにが問題かをもう一度考えたい。一面では嘘，一面では本当，そんなこともたくさんある。そして，なにが本当かを真剣に考えそれを実行に移すのは，つぎの世代を担うあなた方なのだ。
　私たち科学技術者は，ノストラダムスの大予言を信じていたわけではない。しかし，それにもまして重大な問題が，この地球に起ころうとしている。これからの未来がどうなるのか。さまざまな観点から検討してみたい。けっして悲観的ではなく，かといって楽観的でもなく，冷静に，しかし，われわれはいまなにをすべきかを。
　なにが人類にとって最も大事であり，そして人類を滅亡に追いやるものは？　もちろんその根底にあるものは世界の人口問題である。しかし，そのまたさらに根底にあるものはエネルギーではないかと思える。人類が火を発見したそのときから，さまざまな環境問題が生じてきたといえるのではないだろうか。そしてこれからも。

はじめに

本書の前半ではまず，広い意味での環境問題とエネルギーとの関係についていろいろな側面から考察する。エネルギーは，公害問題，環境問題，そして災害とは切っても切れない関係にある。ゴミ問題，リサイクル，酸性雨などさまざまな環境問題がある。もちろん一見エネルギーとは関係なさそうな問題もたくさんあるが，その根底にはやはり，エネルギーを利用する人間活動があったのだ。いままで起きたさまざまな問題を，エネルギーという視点から見直すことにしよう。

30年ほど前，オイルショックという出来事があった。そしていま地球温暖化問題が大きな話題となっている。両者は一見関係ないように思えるが，しかし，いずれもエネルギーをどう使うかにかかわる問題である。エネルギーとはなにか。とても大事なものなのだろうか。どこでとれるのか。どこでどのように使われているのか。エネルギーの常識を書き並べてみる。その上で，地球温暖化をどのように防げばよいのかを考えてみよう。

そして最後は資源の問題，特にエネルギー資源を概観する。もう一度，環境に優しいエネルギーの使い方とは，そして地球に優しい社会とはなにかを考え直したい。そしていま，著者がどうすべきと思っているか，考えていることを提案しよう。

さて，これから，本文に入るわけであるが，ところどころで私が私なりに疑問に思ったことを，そしてそれに対する私の考え方を書いていくことにする。しかし，読者も是非，いろいろな疑問に対する答えを自分で考えてほしい。そして，私の考え方と，あなた方の考え方がどう違うのか，なぜなのかも考えてほしい。もちろん，私の答がすべて「本当」とは限らない。疑問に思ったことなど，是非著者と議論することを期待する。（送付先：〒180-8633 成蹊大学・工学部・小島宛）

2001年2月

著　者

目 次

1 21世紀が危ない

1.1 地球が危ない/20世紀の成長神話 ………………………………… 1
1.2 21世紀が危ない ……………………………………………………… 2
1.3 公害問題は人類を破滅に導くのか ………………………………… 6
1.4 22世紀はあるのか。地球環境は保たれるのか？ ………………… 8
1.5 オゾン層破壊の問題とは？ ………………………………………… 11
1.6 さまざまな地球を取り巻く問題 …………………………………… 14
1.7 地球は子孫からの預かり物 ………………………………………… 15

2 公害・災害とエネルギー

2.1 炭坑と石炭 …………………………………………………………… 16
2.2 中国の石炭事情と環境 ……………………………………………… 17
2.3 昔の都市ガスとコークス炉，高炉そして"プラスチックリサイクル"… 21
2.4 都市ガスと冷熱 ……………………………………………………… 23
2.5 車社会と環境 ………………………………………………………… 25
2.6 低公害車 ……………………………………………………………… 27
2.7 ハイブリッド車 ……………………………………………………… 29
2.8 燃料電池自動車 ……………………………………………………… 31
2.9 馬車とロンドンスモッグ …………………………………………… 33
2.10 四日市ぜん息から光化学スモッグへ ……………………………… 34

2

- 2.11 途上国の公害問題 …………………………………… 35
- 2.12 エネルギーと事故，安全性そして戦争 …………… 36
- 2.13 原子力とチェルノブイリ …………………………… 37
- 2.14 エネルギー利用の歴史 ……………………………… 38

3 自然環境の破壊とエネルギー

- 3.1 植物の歴史と人類 …………………………………… 40
- 3.2 植物の役割 …………………………………………… 42
- 3.3 炭素循環における生態系の役割とエネルギー …… 44
- 3.4 さまざまな生態系中の炭素循環 …………………… 45
- 3.5 さまざまな物質循環に及ぼす人為的な影響 ……… 47
- 3.6 酸性雨 ………………………………………………… 49
- 3.7 熱帯林破壊 …………………………………………… 52
- 3.8 森林伐採と塩害と農業 ……………………………… 55
- 3.9 砂漠と砂漠化 ………………………………………… 57
- 3.10 砂漠化を防ぐには …………………………………… 60
- 3.11 砂漠緑化と淡水化のエネルギー …………………… 61
- 3.12 植生回復のために，さてどうするか ……………… 64

4 ゴミ問題・リサイクルとエネルギー

- 4.1 ゴミとは ……………………………………………… 66
- 4.2 一般ゴミの最終処分量を減らすには ……………… 68
- 4.3 ゴミはなぜ出るのか ………………………………… 70
- 4.4 容器包装リサイクル法とドイツ …………………… 71
- 4.5 リサイクルと資源とエネルギー …………………… 75
- 4.6 なにをどこまでリサイクルすべきか ……………… 76

- 4.7 ゴミと環境問題と自区内処理の問題 ……………………………… 81
- 4.8 さてゴミはどうすべきか ………………………………………… 83
- 4.9 産業廃棄物と産業界の役割 ……………………………………… 85
- 4.10 ゴミ問題と世の中の仕組み ……………………………………… 87

5 地球温暖化（気候変動）とエネルギー

- 5.1 地球温暖化問題，気候変動とは ………………………………… 89
- 5.2 地球温暖化の機構 ………………………………………………… 92
- 5.3 地球の炭素収支 …………………………………………………… 96
- 5.4 CO_2 とエネルギー ……………………………………………… 98
- 5.5 日本のエネルギー ………………………………………………… 104
- 5.6 COP 3 で決まったこと …………………………………………… 109
- 5.7 地球温暖化は神の与えた人類への警鐘？ ……………………… 111

6 地球温暖化と CO_2 対策

- 6.1 地球温暖化対策とは？ …………………………………………… 112
- 6.2 対症療法（温暖化自身に対する対策） ………………………… 113
- 6.3 CO_2 以外の温室効果ガス発生抑制技術 ……………………… 114
- 6.4 代替エネルギー，エネルギー転換（一次エネルギー） ……… 115
- 6.5 省エネルギー（エネルギー変換と二次エネルギー） ………… 117
- 6.6 エネルギー以外の CO_2 排出源 ………………………………… 118
- 6.7 CO_2 の分離・回収・隔離・固定 ……………………………… 119
- 6.8 大気からの CO_2 吸収・固定（植林など） …………………… 120
- 6.9 地球温暖化対策 …………………………………………………… 123
- 6.10 政治経済的手法（「理想的な進めるべき技術」を進めるために） … 127
- おわりに …………………………………………………………………… 129
- 引用・参考文献 …………………………………………………………… 131

1

21世紀が危ない

1.1 地球が危ない／20世紀の成長神話

　本章ではまず，私たちと私たちの地球が抱えているさまざまな問題を概観し，21世紀が本当に私たちにとって住みやすい時代となるのかを考えたい。

　20世紀の最後，1990年代の初めから，円高不況が起こり始めた。そしてバブルの崩壊。21世紀を目前にして日本は過去に例を見ない不況に突入した。これまで急激な成長を続けてきたアジアの経済にも大きなかげりが見えた。成長を続けるアメリカにもバブル崩壊の恐れがある。しかし，われわれ先進国での生活はそれほど悲惨だろうか。不況になったからといってそんなに悲惨な生活が待っているわけではない。マイナス成長でもたった，2～3年前に戻るだけではないか。成長をすることにより，ますます地球の資源を食いつぶし，そして地球の環境を汚していくともいえよう。いや，成長をしなくとも，経済活動を続ける限り資源はなくなり，地球環境は汚れ続けていく。

　なぜ成長をしなくてはならないのだろうか。日本ではだれも，食糧には困ってはいない。その一方でアジアのなかでは貧富の格差がますます広がりつつある。アフリカでは何十万いや何百万もの人が飢餓で苦しんでいる。確かにこれらの国々では，成長をする必要があるようにも見える。しかし，それとて正しい見方とはいえないかもしれない。なぜなら先進国では前述のような成長により，地球に悪影響を及ぼしてきたではないか。そのような道をなぜこれからと

いう途上国もとる必要があるのか。だが，一面的な指標ではあるが豊かさの指標であった，「経済成長」に代わる指標はあるのだろうか。

世は情報化社会といわれている。科学技術はどんどん進んでいる。しかし，いかなる最新技術も，地球を元の姿に戻すことはできない。それでもこのまま人類の「成長」は続くのだろうか。

1.2 21世紀が危ない

『成長の限界』という本が出版されたのは1972年のことであった[1]†。この本は，いまは当然と思われる地球の有限性を初めて世に示した本であるとしてよい。たった30年ほど前のことである。さまざまなシナリオの下で，21世紀に向かう人類の運命をシミュレートしている。初めのシナリオは，出版当時の資源量，あるいは産業からの汚染物質の排出状況の下で，このまま人類が成長を続けたならどうなるかというものである。アウトプットは人口，資源，産業，食糧，サービス，汚染，出生率，死亡率である。20世紀末には埋蔵資源の半分を使い切り，産業，食糧生産，サービスの低下を招く。その結果，21世紀中旬には急激な死亡率の増大を招くというシナリオである。しかし，このシナリオは幸いなことに的中したとはいいがたい。まだまだ地球の資源は豊富に残されているからである（原著には，詳細には述べられていないが，ここでいう資源量とは，石油の資源量を考えていたのではないかと思われる。ティータイム参照）。

つぎのシナリオは，資源量を2倍にするというシナリオである。このほうがまだ現実みがある。この場合でも資源量の減少は続くが，今度は汚染が人類の息の根を止めてしまう。下手に資源量があっても，結局はこれを使う際に発生する汚染物質が人類の成長にストップをかけるというシナリオである。『成長の限界』の著者は，そこで最後に，人口を定常化させる，すなわち2人から2

---

† 肩付数字は巻末の引用・参考文献の番号を示す。

人が生まれるという仮定をおいた。さらに，工業生産における生産量当りの資源の使用量を 4 分の 1，汚染物質の排出量を 4 分の 1 とおいたのである。このような仮定をおくことにより，21 世紀中旬までは成長は続き，その後には安定した社会が生まれるという解を得ている。しかし，それでも資源量だけは，当然のことであるが徐々に減っていくことになるのである。

ティータイム

石油の可採年数の推移

　石油の可採年数の推移を**図 1.1** に示す。可採年数とは，確認可採埋蔵量を，年生産量（消費量とほぼ同じ）で割った値であり，何年間で掘り尽くすか，という値である。図からわかるように，石油の可採年数は，この数十年，25〜45 年を保っている。「40 年以上も前から，石油は 40 年でなくなる」といわれてきたのである。そもそも確認可採埋蔵量とは，石油会社が自らの意志で掘ることができることを確認した埋蔵量のことである。石油会社が，自分の会社を安定して運営していくために必要な量が確保されていれば，それ以上の探索に投資をすることは，いまの経済原理からいって意味がないことになる。世界の石油会社は，25〜45 年分の資源量を確保していれば十分と判断していることを意味しており，けっしてそれだけしか資源がないということにはならない。さらには，可採の意味は，経済的に採掘することが可能であるという意味である。採掘技術の進歩により，「資源量」が増えていくという場合もある。

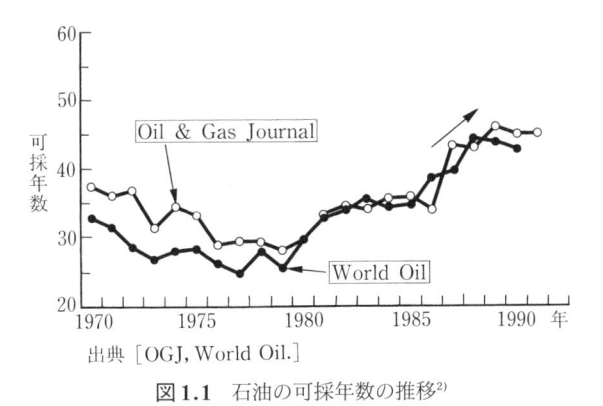

出典 [OGJ, World Oil.]

図 1.1 石油の可採年数の推移[2]

ティータイム

埋蔵量の定義

確認可採埋蔵量に対応する用語は原始埋蔵量であり，ともかく人類が掘り始める前に埋まっていた資源量である。その中にはもう使ってしまった量や，確認はされているが，経済的に採掘できない資源あるいは地質学的にたぶん地球に眠っているだろうという未確認資源も含まれる。未確認資源の予測は，科学的・統計的になされるものであり，信頼性は薄いが，しかし地球の資源の枯渇をいうのであれば，この数字を含めて使わざるをえないだろう。参考までにさまざまな資源量を表す言葉の定義を図 1.2 に示す。

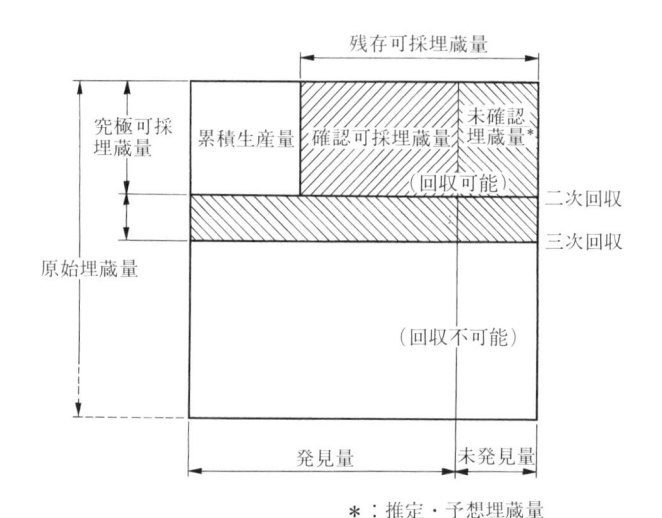

```
         ┌─────── 残存可採埋蔵量 ───────┐
    ┌──┬──────┬──────────┬──────┐
究極│  │累積生産量│確認可採埋蔵量│未確認 │
可採│  │      │        │埋蔵量*│
埋蔵│  │      │ (回収可能) │     │── 二次回収
量 │  ├──────┴──────────┴──────┤
    │  │                          │── 三次回収
原始│  │                          │
埋蔵│  │      (回収不可能)         │
量 │  │                          │
    └──┴──────────────────────┘
         ←─── 発見量 ───→←未発見量→
```

＊：推定・予想埋蔵量

図 1.2 さまざまな資源量の定義[3]

推定可採埋蔵量（未確認埋蔵量）にも，従来の採掘法の延長線にはない，まったく新しい技術によらないと採掘できない資源や，いままで採掘されてきた資源とは異なるタイプの未知の資源は含まない。推定することすらできないからである。例えば，海水中に溶けているウランは含まない（現在，吸着剤などを用いてこれを回収しようとする試みがなされているが。もしこれが可能となれば，相当の資源量が期待できる）。天然ガスについては，ハイドレート（クラスレート，包接化合物）すなわち水の格子の中にメタンが取り込まれたものが，シベリアや深海などで存在することが確認されている。あるいは，生物起源ではなく，地球ができたときに地球の奥深くに閉じこめられたメタン（深層天然ガス）があるとされているが，本当にあるのかさえわかってはいない。

> なにをもって残存可採埋蔵量と定義するかは大きな問題である。例えば石油でも，図にある二次回収（自然に吹き出る量だけではなく，油井に薬剤，例えば界面活性剤などを入れ，さらに回収率を高める方法）は，すでに一部経済的に行われており，確認可採埋蔵量にも加えられている。
> 　一方金属資源については，いくらこの資源を使っても，地球上で薄まり，拡散していくだけであり，「金属」量が減少するわけではない。しかし，拡散したものからは，回収は現実にはむずかしい。濃度がどの程度以上必要であるかが，資源量の推定には必要な仮定である。

ところで，『成長の限界』で仮定した汚染とはいかなるものであったのだろうか。彼らは単に数字の遊びを行っていたにすぎない。しかし，彼らは彼らなりに汚染のイメージをもっていたはずである。しかし，それは地球環境問題ではなく，いわゆる公害であったと思われる。そして最近問題となっている環境ホルモンの問題などはとうてい頭の中にあったとは思えない。これらの問題の詳細は後に譲るとして，21世紀を人類が乗り切れるのかどうか，なにが人類を崩壊させる可能性があるのかを考えてみよう。

1.3 公害問題は人類を破滅に導くのか

1.2節に述べたように資源の問題は大きな問題である。しかし，この問題をこれ以上突き詰めていくのは，いまはやめておこう。技術の進歩に期待することにしよう。後で詳しく述べるように，化石エネルギー資源については，資源量の豊富な石炭まで含めれば，数百年は大丈夫だろう。また枯渇性資源のほかにも，太陽エネルギーのような再生可能エネルギーがあることは記憶にとどめておくことにしよう。

さて，公害問題は人類を滅ぼすのだろうか？ まず水俣病とイタイイタイ病の概要を**表 1.1**に示す。ここで，阿賀野川有機水銀中毒事件とは，通常新潟水俣病，あるいは第二水俣病と呼ばれるものである。この表は，1971年に発行された図書から引用したものであるが，発生後十数年で，認定患者の3分の1程度が死に至っていることがわかる。この三つの公害に，後で述べる四日市ぜ

表 1.1 水俣病とイタイイタイ病[4]

汚濁事件	環境条件	被害症状	原因
イタイイタイ病事件(富山県) 不明	神通川流域の地域(婦中町，大沢野町，富山市の一部)	認定患者162名のうち死亡者56名，生存患者106名(1970年2月現在)。骨軟化症様の骨疾患で，比較的高齢(40〜60歳)の，しかも出産回数の多い農家の婦人に多い。1967年9月8日公害病に認定された。	廃水および鉱滓に含まれたカドミウム4.3〜43.9 ppm(廃滓中のカドミウム)
水俣病事件(熊本県) 1953〜1960年	水俣湾周辺の不知火海沿岸 新日本窒素(現チッソ)水俣工場	認定患者116名のうち死亡者45名，生存患者71名(1970年3月現在)。汚染された魚介類の長期にわたる大量摂取による中枢神経系疾患。1967年9月26日公害病に認定された。	廃水中に含まれたメチル水銀化合物
阿賀野川有機水銀中毒事件(新潟県) 1964〜1969年	阿賀野川流域 昭和電工鹿瀬工場	認定患者42名のうち死亡者6名，生存患者36名(1970年3月現在)。第二の水俣病と呼ばれ，汚染された魚介類の長期にわたる摂取によって引き起こされる中枢神経系の疾患。1967年9月26日公害病に認定された。	廃水中に含まれるメチル水銀化合物。患者の毛髪中より56.7〜57.0 ppmの水銀検出

(注) 患者数は厚生省公害課資料による。

1.3 公害問題は人類を破滅に導くのか

「⬚……地域名」は旧第一種地域
「・……地域名」は第二種地域

（図中ラベル）
沖縄
新潟（水俣病）
富山（イタイイタイ病）
倉敷・玉野
神戸
備前
尼崎
島根（慢性ひ素中毒症）
北九州
大牟田
東京（19区）
千葉
横浜・川崎
富士
東海・名古屋
四日市・楠町
大阪・豊中・吹田・堺・守口・東大阪・八尾
熊本・鹿児島（水俣病）
宮崎（慢性ひ素中毒症）

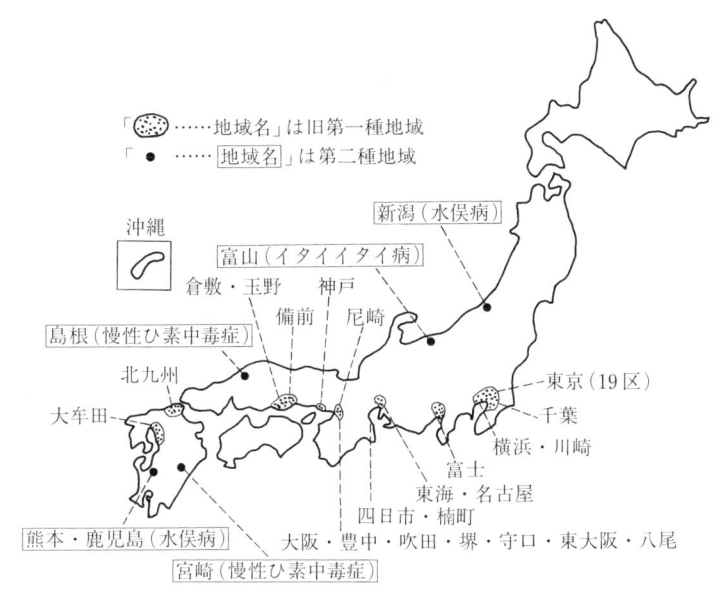

出典：厚生統計協会：国民衛生の動向「厚生の指標」（臨時増刊，第41巻第9号）

図 1.3 公害健康被害の指定地域[5]

ん息を加えたものを戦後の四大公害事件（訴訟）といい，いずれの地域も1969年に公害健康被害の指定地域となった。指定地域を図 1.3 に示す。この流れは，70年代の後半まで続く。また前出の『成長の限界』出版1年後の1973年には，水俣病裁判で原告勝訴の判決が出されている。公害が大きく社会問題として取り上げられたが，その後はゆっくりと「環境」問題へと，流れが変わりはじめるのである。そして四日市市をはじめとする，大気汚染による呼吸器系への被害地域を定めた第一種地域は，1987年指定が解除された。

　確かに公害問題は，大きな問題ではあった。しかし，たぶん人類全体を滅亡に追いやることにはならないだろう。一般に，環境汚染物質が排出される際には，これが産業から排出されるにせよ，市民生活から排出されるにせよ，地域差が大きい。さらにはその地域特有の拡散プロセスがある。全人類に累が及ぶ前に，必ずある地域で大きな問題が生じる。その問題が大きくなり，そしてその汚染物質が特定されたなら，その排出抑制は，人類にとって不可能ではない

だろう。確かに水俣病は多くの人の命と健康に影響を与えた。また，その原因解明プロセスには大きな問題をはらみ，解決に多大の時間を要した。そのため，被害が広がったし，また第二（新潟）水俣病をも引き起こした。そしていまだ解決したとはいえないかもしれない。イタイイタイ病についても原因は解明されたし，問題は一応解決されている。しかし，やはりまだ土壌中のカドミウム濃度が極端に高い地域が存在する。

しかし，これらの問題が地球規模で広がるとはとても思えない。すでに対策はとられたのである。影響が急性である限り，その被害を受ける当人にとっては重大なことであっても，人類全体に及ぶものにはけっしてならないだろう。

1.4 22世紀はあるのか。地球環境は保たれるのか？

それでは本当に人類は地球環境問題で滅びるのだろうか？　可能性を否定することはできない。なぜならこの範疇に属する問題は広く地球上の人類に影響する問題であるからである。しかし，人類の一員として，人類はそんなに馬鹿だとは思いたくない。

ここではまず地球環境問題とはなにかを取り上げてみよう。なぜ地球環境問題が問題なのか？　だれのための地球？　この疑問は，人間の生き方にも似た，哲学的なものといえよう。なぜ地球環境を守らなくてはならないのか。もしこの点に，合意が得られていなければ，議論する価値もなくなる。

ここはまず，何世代かにわたっての，人類がある程度満足しながら生存するための環境を保持することであると定義したい。すると抜け落ちるのが，他の生物たちである。地球の歴史が生み，育ててきた，さまざまな生物種，これが人類により少しずつ失われつつある。日本狼しかり。このような「種の多様性」あるいは「生物の多様性」が失われつつあるのである。

しかし，もし他の生物を主人公にするのなら，人類が破滅すること，これが最も簡単な「生物の多様性」を守る方法となる。それでは人間のための地球環境問題は語れない。あるいは，例えば鯨はかわいそう，といったセンチメンタ

1.4 22世紀はあるのか。地球環境は保たれるのか？

リズムでも困る。

「種の多様性」は地球環境問題の一つとして，どの本にも取り上げられている。しかし，論理的に，なぜ「種の多様性」が「人類の環境にとって」必要なのかをはっきり説明してある本はほとんどない。いや，むしろ多様性が本当に人類生存に必要かをはっきりと論理的に述べることは，だれもできないだろう。

現存するさまざまな種の一部が失われることにより，人類にとって貴重な遺伝子資源が失われることとなる，という論理は構築されている。しかし，それであなたは納得できるだろうか。さきほど議論したように，人類は少なくとも先進国では豊かな生活をしている。しかしそのうち，野生種から得ているものは非常に少ないように思われる。イノシシが豚として飼育されるようになったように，現在，野生の種から人類の利益となるようなものがこれからも生まれてくるだろうか。かりに生まれたとしても，それはいまの生活をさらに良くするだけのことで，人類の生存に不可欠といえるだろうか。考えられることは，人類を破滅に導くような病気の発生に対する，薬剤資源としての価値だろうか。

「種の多様性」は人類のパイロットランプ的なものともいわれている。しかしこれもそれほど説得力をもたないように思われる。日本狼が絶滅してからすでに1世紀。しかし日本人は滅びただろうか。あるいは，安定した生態系を保つためには，生物の多様性が必要であるともいわれている。しかし，貧弱な多様性しかない都会で，単一種しかつくらない農地からの食物を供給されながら，人類は立派に生き延びている。

いまは，他の生物種を，人類のつぎに守るべき重要な仲間として考えることで，納得しておこう。私としての個人，ついで家族，仲間，地域社会，民族，そして人類と続くが，その先を動物，植物として位置づけることになるのだろうか。しかし，ここでは，生物の多様性は，議論の範疇からはずすことにする。この議論を続けるときりがないからである。

さまざまな地球環境問題の中の典型的な一例として，まずオゾン層の破壊を取り上げて解説することとしよう。なぜならこの問題だけは，本書の主題であ

るエネルギーとはさほどの関係はないからである。他の地球環境問題の詳細については，本書の主題であるエネルギーと絡めて，後述することとする。

ティータイム

地球環境問題の歴史

このあたりで地球環境問題の歴史を年表として**表 1.2** にまとめておこう。

表 1.2　環境関連事項の年表[6]

年	事項
1972年	ローマクラブ「成長の限界」：資源の有限性
	国連人間環境会議「人間環境宣言」ストックホルム
	国連環境計画，UNEP 設立
1977	国連砂漠化防止会議「砂漠化防止行動計画」
1980	第1回熱帯林専門家会議
1981	国連，新および再生可能エネルギー資源に関する会議
1984	酸性雨に関するカナダ・ヨーロッパ会議，SO_x 削減
	環境と開発に関する世界委員会，WCED
1985	オゾン層保護のためのウィーン条約（1988 発効）
	熱帯林行動計画（国連食糧農業機関，FAO）
1986	チェルノブイリ原子力発電所事故
1987	WCED 最終会合，「Our Common Future」
	オゾン層破壊物質に関するモントリオール議定書（1989 発効）
1988	気候変動に関する国際会議，トロント宣言
	第1回気候変動に関する政府間パネル「IPCC」ジュネーブ
1989	有害廃棄物の越境移動問題に対処するための「バーゼル条約」
1990	IPCC 第一次報告書
1991	湾岸戦争，原油流出，油田炎上
	環境と開発に関する第1回途上国閣僚会議，「北京宣言」
1992	地球サミット（国連環境開発会議，UNCED）リオ
	「環境と開発に関するリオ宣言」，「アジェンダ 21」（行動計画）
	「森林保全のための原則声明」を採択，「気候変動枠組条約」
	（通称温暖化防止条約）および「生物多様性条約」の署名を開始
1994	気候変動枠組み条約発効
1995	ベルリンで気候変動枠組み条約第1回締結国会議（COP 1）
	IPCC 第二次報告書
1996	ジュネーブで気候変動枠組み条約第2回締結国会議（COP 2）
1997	京都で気候変動枠組み条約第3回締結国会議（COP 3），
	先進国間で温室効果ガス排出削減目標に合意
1998	以下 COP 4，COP 5……が順次開催
	砂漠化防止条約を日本が批准
2001	京都議定書基本合意（アメリカ離脱）

> **ティータイム**
>
> **地球環境問題は公害問題とどこが違うのか？**
> そもそもなぜ公害という用語が使われるようになったのだろうか。人が人に害を及ぼすとき，通常は特定の被害者と加害者が存在する。意図するか意図しないかにかかわらず。公害問題では，加害者は特定できても，被害者の範囲は特定できない。加害者についても，産業あるいは生活といった，人類にとって少なくともその時代には不可欠であった基本的かつ日常的な活動がその原因といえよう。
> 一方，地球環境問題の場合，原因は地域さらには国のレベルを越え，広域化し，被害者ばかりではなく排出者の特定もますます困難となった。罪を特定の団体に「なすりつける」ことすらできそうもない。対策技術をとってみても，公害の場合には，希釈拡散がその一つとなるが，地球環境問題の場合にはそれは対策とはならない。
> さらに，典型的な地球環境問題である地球温暖化，オゾン層破壊については，その原因物質は，人間それ自身には無害な物質であるという点も特徴である。

1.5 オゾン層破壊の問題とは？

オゾンとは，酸素原子三つからなる，酸素分子と同素体の関係にある分子である。オゾン層とは成層圏（人間の足では到達できない，高度約1万m以上）において，太陽からのエネルギーにより酸素からオゾンが自然に大量に形成される場所である。対流圏（成層圏の下にあるわれわれが存在する圏）では，オゾン濃度は光化学反応などによりむしろ増大しており，またオゾンそれ自身は人類に対してむしろ有害ですらある。しかし，成層圏オゾンは，人間（を含む動物すべて）に有害な紫外線を，地表に到達する前に吸収する役割をしている。紫外線は人類に対して，皮膚ガンや白内障などを引き起こす。動物が海で生まれたのはその紫外線を避けるためであったといわれる。また，陸上に進出できたのも，酸素濃度が増し，オゾンができ，紫外線が陸上に届きにくくなったからであるといわれている。

近年，人間活動により排出されたフロンが大気に放出されたことで成層圏オ

ゾン層が破壊されオゾンホールが形成されるようになった。オゾンホールとはオゾン層中のオゾン濃度が減少した場所のことであり，地上に紫外線が多く到達してしまう。南極のオゾンホールが有名であるが，最近では北極にもみられるようになってきた。

　さて，そのフロンは大気中で塩素原子を放出する。その塩素原子は何度も何度もオゾンと反応して，オゾンを酸素に戻してしまうのである。

　フロンは，まず一つには冷蔵庫，エアコンなどの熱機関の冷媒として用いられる。また，洗浄（おもに半導体製造における），スプレーのほか，断熱材として使われる発泡材にも使われている。冷蔵庫の場合には，意外なことに冷媒として用いられているフロンより断熱材中のフロンのほうが多い場合もある。

　フロンはすでに先進国では製造中止となり，対流圏での濃度は減少しはじめている。オゾンホールはまだまだ拡大を続けているが，いずれ縮小に向かうものと期待される。これらのいわゆるフロンに代わるものとして，代替フロンが開発されているが，完全にオゾン層への影響がなくなったわけではない。さらには，代替フロンの中には，オゾン層には優しくとも，地球温暖化能がフロンより高い物質もある。

　まだまだ多くのフロンが，エアコンなどの中に眠っていることは確かである。なぜフロンを回収しないのか？　私にもわからない。もちろん回収にはそれなりのコストがかかることは事実である。しかし，オゾン層破壊ばかりではなく，地球温暖化に対しても，最も有効かつ低コストでできる対策であるはずである。技術的にも，パイプをつないで回収するだけであり，問題はない。効率よく分解する技術も開発されつつある。早急に対策を講じるべきである。

1.5 オゾン層破壊の問題とは？

（ティータイム）

亜酸化窒素（N_2O）のオゾン層破壊能力

　N_2O は，笑気ガスともいわれるガスである．笑気ガスといわれる理由は，その麻酔能力により，吸うと頬の筋肉が弛緩するからである．以前は医療用として麻酔剤として用いられていた．もちろん無害ではないが，取りたてて有害といわれるほどのものでもない．また，温室効果ガスの一つでもある．植物の生育に必要な窒素源は，もともと大気から窒素固定菌により固定され，それが再び大気にかえるという循環のなかで，一度 N_2O の形を経る．すなわち元々自然界に存在していたガスである．排出源としては，湿地帯などが大きな役割を占めるといわれている．しかし，最近では窒素肥料（アンモニア）が大気中の窒素から人工的につくられるようになったため，当然のように N_2O 排出量が増大した．大気汚染，光化学スモッグあるいは酸性雨の原因物質である NO_x と同様，化石燃料あるいはバイオマスの燃焼からも発生する．窒素と酸素からなるガスという点，あるいは発生場所は類似しているが，その影響はまったく異なる．オゾン層破壊あるいは地球温暖化問題が取り上げられるまでは，汚染物質としては計測すらされていなかったのである．しかし，最近地球環境問題への関心からさまざまな研究がなされるようになり，燃焼プロセスにおいても，NO_x の排出と非常に大きな関連があることが明らかになりつつある．これらの排出抑制は，現在最も活発に行われている研究の一つでもある．

　さて，いまここで問題としているのは，N_2O のオゾン層破壊能力である．1990年代の初頭までの研究によれば，N_2O についても，フロンと同様にオゾン層破壊能力があるとされていた．それは，N_2O の分解によって生じる中間体がフロンから生じる塩素原子と同様にオゾンと反応し，オゾンが酸素に帰るパスを助けるからである．しかし，最近の研究によりもう一つの役割が指摘されるようになった．それはフロンから生じる中間体である塩素原子との反応である．フロンから生成する塩素原子はオゾンとの反応で消滅することなく，連鎖反応によりつぎつぎとオゾンを破壊するが，N_2O は塩素原子とも反応してその連鎖反応を断ち切るというのである．

　オゾン層破壊にとって悪者と思われてきた N_2O が，フロンというさらなる悪者に対しては善者として働く．毒をもって毒を制す，非常に興味深い現象である．しかし，かといって N_2O はもっと排出すべきということにはなるまい．N_2O は，やはり地球温暖化にとっては悪者であることは，間違いのない事実である．

1.6 さまざまな地球を取り巻く問題

　地球環境問題より人類にもっと影響を与える問題はないのだろうか？　まずは初めに述べた人口問題。すべての根源がここにあるといってよい。人口問題が解決しない限り，地球環境問題は解決しても，食糧問題，エネルギー・資源問題はますます大きな問題となることは自明の理である。
　もちろん，戦争・紛争の問題の解決は，それこそ人類の英知にかかっている。核軍縮といってもなかなか進まない。むしろ地球環境問題よりこれらの問題のほうが，人類を破滅に導く可能性が大きいかもしれない。
　原子力の安全性，海洋事故。これらの問題は，技術の問題であると同時に人間のミスによるところも大である。これらはけっして地球環境問題ではないが，チェルノブイリのケースあるいは日本近海で生じたタンカー事故のように，地球環境にも大きな影響を与える可能性が大きい。原子力発電所の事故に至っては，大規模になればなるほど，その影響範囲は大きく広がるものと懸念される。
　人類にとってひょっとしたら非常に大きな問題ではないかと考えられるのは，微生物である。過去にはペストによりヨーロッパの人口が半減したとまでいわれている。最近ではHIV，エイズの問題がある。20年ほど前にこの話題を初めて聞いたときには，この病気で人類は滅びるのではないかとすら思ったものである。しかし宿主である人類が滅びたときには，彼らも滅びることになる。微生物もそれほど自然の摂理に反したことはするまい。
　院内感染。抗生物質と病気とのいたちごっこ。これらのことを考えると，怖い話はいくらでもあるが，しかし，人類は，細菌，ウイルスなどと共生しながら，これまでも生きてきたし，また生き続けるような気もする。
　農薬，そしてゴミ処理場からの汚染物質の排出。ダイオキシン，遺伝子影響，環境ホルモン。確かに環境ホルモンについては，精子数，精子の活動に影響を及ぼすといわれ，最近最も話題の物質群である。しかし，その一方で途上

国での深刻な人口・食糧問題があることを考えると，これすら富めるもののぜいたくな悩みと思えてしまうのである．

　ともかく以上のようにさまざまな問題があるが，すべてが広い意味での環境の変化によるものともいえよう．これらも含めて広く地球環境問題だと考えるべきなのかもしれない．

1.7　地球は子孫からの預かり物

　さて，地球環境問題を考えるとき，何世代？　そして何年先までを考えたらよいのだろうか？　もちろん人によって考え方は異なるし，同じ地球環境問題でも問題によってその考えるべき期間は異なる．しかし，後述のように，いまのエネルギーの大本である化石燃料が人類繁栄の礎であったとすれば，これを使い切る数百年間をひとつの目安と考えることはできる．化石燃料利用に関連する諸問題は，その資源がなくなる数百年後にはその存在の意味がなくなっているだろうからである．逆にいえば，そのころまでにいまの化石燃料に代わるエネルギー源を見いださない限り，いまの生活と人口は維持できないことになる．

　その一方で，太陽が消滅するであろう億，あるいは十億単位の年月はもちろんのこと，遺伝子が変化する何十万年までは考えなくてもよいだろう．ともかくここでは，数百年を一つの目安としておこう．

2 公害・災害とエネルギー

2.1 炭坑と石炭

　いまからもう 40 年以上も前の話である。風呂は五右衛門風呂で鉄の釜があり，火はその下から焚く。新聞に火をつけ，薪をその上にのせ，火がついた頃に石炭の固まりをのせる。風呂には木のすのこのようなものが浮いている。弥次喜多道中では，その「すのこ」を底に敷いてから入ることを知らずに，下駄を履いて風呂に入る。確かに鉄の釜にそのまま足をつけるのは，あまりに熱い。

　こたつは掘り炬燵。朝起きると，まずガスコンロで豆炭に火をつける。朝 4 時頃，火がついた豆炭を，掘り炬燵の中の灰の中に入れる。灰の中に足を入れる。暖かい，でも直接豆炭に足が触れるとそれは熱い。しかし，しばらくすればやけどはしないですむ。豆炭の周りに灰の層が形成される。

　小学校に行く。石炭ストーブがあり，その周りに弁当を置く。しかしその石炭ストーブも，卒業の頃にはもう石油ストーブに変わっていた。

　いまはもう昔の話。それはそれはたくさんの炭坑があった。そしてそれは戦争に敗れた国の，経済復興の象徴でもあった。いまはもう一つも残っていない。いまでも盆踊りに行くと，「さぞやお月様，けむたかろう，さのよいよい」と唄われる。何度，三井三池炭坑，あるいは他の幾多の炭坑の事故を耳にしただろうか。

　日本のエネルギーを担ってきた石炭。炭坑では幾多の事故あるいは一酸化炭

素（以下，COとする）中毒で多くの人が亡くなった。異変を迅速に察知するために，カナリアをかごに入れて，一緒に炭坑に連れていったという。CO濃度が増えるとまずカナリアが騒ぐのだそうだ。エネルギー生産には事故はつきものであった。しかし「やま」の男たちはそれでも「やま」に入っていった。いま，北海道の夕張炭坑あとには，石炭博物館がある。そしていま，夕張の名産はメロンとなった。

ただし，誤解のないようにしておこう。いま，日本には炭坑がなくなりつつあるだけである。石炭は，私たちの知らないところで使われている。その第一の用途は火力発電であり，第二は製鉄用コークスである。石炭は，日本の全エネルギーの約2割を占める。しかし，世界でみれば，石炭の占める割合は3割である。もちろんそれ以上の国も多い。

2.2　中国の石炭事情と環境

いまではもう日本ではなかなかお目にかかれなくなった石炭ではある（学生に尋ねると，せいぜいSLか，あるいは石炭博物館）。しかし全エネルギーの75％，化石燃料のじつに9割を石炭が占める国もある。中国である。人口12億，本当はもっと多いといわれている世界の大国である。図2.1〜2.4は1994年に炭坑の町，太原を訪問したときの写真である。昔の日本を想像してもらいたい。

図2.1は炭坑に入る坑夫が乗る車両である。炭坑から引かれている線路と簡易車両の多さに驚く。千円で1トン近い石炭が買える。これを選炭し，灰分を3分の1にすると，3倍の値段になる。それでも灰は4％ある。全国に列車で輸送するが，問題は輸送網の整備である。

労働者の月給は1〜3万円である。図2.2は，町中で走っていた三輪車である。至る所で石炭が運ばれてそして積み上げられていた。きっと，日本でもその昔はこんな風景が随所に見られたのだろう。

練炭工場にも行ってきた。練炭とは選炭後の売り物にならない石炭の粉を，

18　2. 公害・災害とエネルギー

図2.1　坑夫用列車

図2.2　町中での石炭運搬用三輪車

レンコンのように空気穴を空けて固めたものである。七輪に入れて使うものといえばよいだろうか。固めるだけの工場なのであるが，じつに400人もの人が働いている。練炭一つ約1kgがたった1円くらいである。

　町中でもよく見かけるのが，石炭ストーブの排気口である。図2.3はとある有名なお寺，写真では少しわかりにくいけれど，右上の窓からやはり煙突が横に伸び，煙が出ている（写真中の○印）。図2.4は公園の入口にあったファーストフード店（屋台のお店）。やはり石炭を燃やして，調理をしている。そこら中で石炭が民生用に使われている。

図2.3　有名なお寺の窓からも石炭ストーブの煙が見える

図2.4　石炭を使って調理している屋台のお店

石炭ストーブにノスタルジアを感じるわけではないが，いまでも石炭を生活の中心においている国があることは，環境と資源の問題を考えるときに，忘れてはならない。それにも増して覚えておかなくてはならないことは，その石炭から排出される硫黄酸化物や微粒子状物質である。石炭から排出される汚染物質の問題は，また後で詳しく述べることにしよう。

ティータイム

中国の石炭事情—発電とコークス製造

　本ティータイムの中に現れる排ガス処理の詳細に関しては，2.10節参照。図2.5の熱電所の名前は太原第一熱電所である（1954年運転開始。78.6万kW）。第二熱電所は60万kWで，その他の小規模発電所からの発電も合わせ太原付近から山西省中部一帯の電気を賄っている。いずれも石炭火力（微粉炭燃焼）である。最も新しい30万kWの発電所は1990年運転開始，発電のほか，民生他のための熱供給も行っている。中国の発電効率は低い，とはいいながら，しっかりコジェネレーション（熱電併給）を実施している。用いている石炭は，近くの官地礦産のもので，1〜2％の硫黄を含む。問題はガスクリーニングである。2段燃焼によるNO_x低減は行われているが，排ガス処理については，EP（電気集塵器）が設置されているだけであった。脱硫装置は設置予定とのことであったが，脱硝装置については設置予定はないようである。

図2.5　太原第一熱電所

　電力コストは，初期投資，人件費を除くランニングコスト（石炭，水，オイルなど）がkW時（1kWの電気を1時間使ったとき）当り0.07〜0.08元，価格はベースとなるものが0.25〜0.3元，ただし，農業用が最も安く，工業

用，民生用と値段が上昇する。同じ工業用でも，基幹産業には安価で提供するようである。しかしそれにしても安い。ちなみに日本の場合は，1 kW 時 10 円といったところだろうか。家庭で使えば 15 円にもなる。

見学先は 30 万 kW 用タービンは国産であり，制御室は近代的な発電所である。しかし，古い施設ではどうなのだろうか。残念ながらそこまではうかがいしることができなかった。

灰はフライアッシュが 70%，残りがボトムアッシュである。すぐ近くの山間部の谷までスラリー輸送され埋め立てられる。そこから排出される水は灌漑にも使われるが，問題はまったくないとのこと。

最後はコークス工場（コークスについては 2.3 節参照）。太原鋼鉄公司焦化廠という。焦はコークス，化は化学，廠は工場の意味。鉄鋼会社の化学部門である。旧コークス炉は 1960〜85 年に稼働，新炉は 1978 および 93 年から稼働の計 65 門の炉団が三つある。

ところで門とは，それぞれの窯のことであり，後出の写真（図 2.6）には 9 門くらいが写っている。高さ 4.3〜4.5 m，厚さ 0.405〜0.45 m，奥行き 14.08 m。鞍山焦化耐火材料設計研究院製 JN-58-II 型といい，純中国産。そういえば日本では今後リプレースを迎えるが，国産技術が継承されていないと聞いていたような気がする。当然のことながら原理はまったく同じ。しかし，やはり環境面の配慮に欠ける点が見受けられる。押し出し機の横をトラックが通る。労働者数も多いようである。押し出された灼熱コークスは水でクエンチする。ちなみに日本ではドライクエンチ，すなわち窒素ガスを用いて冷やし，その熱を回収している。クエンチされたコークスは，炉団下まで再度運ばれる。万一火がついていたらホースで消火。手動でベルトコンベアに落とし，運搬する。生成ガスから BTX（ベンゼン，トルエン，キシレン。ベンゼンの問題は 2.5 節で述べる）を取り，残りの成分（4 000 kcal/m^3 の発熱量を有する）は 20% はコークス製造用の加熱に，ほかは自家用に使っているとのこと。上昇管（コークスガスを回収するところ）ではときどき火の手が上がるのが見られる。黒煙もけっこう派手である。日本のコークス炉でもまったくないわけではないが，でもやはり中国のコークス炉のほうが派手なような気がする。

これらの施設は，そのような職場にいる，あるいは私のような石炭研究を行っている者以外には，普通見ることができないが，日本にもそこかしこにある設備である。しかし，日本の発電所，あるいはコークス製造設備で使われている石炭は，じつは中国をはじめとして，世界各国から輸入されているのである。日本だけを考えては，地球の資源と環境は語れないのだ。

2.3 昔の都市ガスとコークス炉，高炉そして"プラスチックリサイクル"

　昔の推理小説を読む。ガスをひねり，自殺をする。しかし名探偵が出てきてじつはそれは自殺ではないことがわかる……。ガス自殺ができたのはひと昔まえの話。石炭の主成分は炭素（C）である。昔の都市ガスは，以下のようにつくられていた。石炭を空気（空気の5分の1は酸素，O_2）で燃やす（燃焼反応）とつぎの反応が起きる。

$$C+O_2=CO_2$$
$$2C+O_2=2CO$$

これらの反応は発熱反応（熱を出す反応）である。一方

$$C+CO_2=2CO$$
$$C+H_2O=H_2+CO$$

すなわち発生炉反応，および水性ガス化反応は吸熱反応である。昔は石炭と空気からガスをつくっていた。空気は酸素のほかに，窒素を酸素の4倍くらい含んでいる。得られる可燃性ガスは，窒素により数倍に希釈され，1 m^3 当りの発熱量は，2 000 kcal にも満たなかった。もちろん自殺ができたのは，有害な CO を含んでいたからである。このようなガスを低カロリーガスという。なお，上記の反応を，空気ではなく，深冷分離（ティータイム参照）により，空気から分離した酸素を用いて行わせると，窒素がない分だけカロリーが上がり，1 m^3 当り数千 kcal になる。これを中カロリーガスという。

　しばらく前までは，都市ガス原料としてコークス炉ガスが用いられていたが，これも主成分は水素，CO およびメタンであり，中カロリーガスである。

　ところで，前述のように，日本で使用される石炭の約半分がコークス製造用である。コークスは，鉄鉱石を還元して鉄をつくる際（この装置は高炉と呼ばれる）の還元剤（エネルギー源でもある）として用いられる材料である。石炭の中には，乾留（蒸し焼き）により粘り気を出す種類の石炭（製鉄原料になることから原料炭という）があり，蒸し焼きの途中で石炭同士が固まる。固まっ

たものがコークスである。コークス炉ガスは，石炭を蒸し焼きしたときに発生するガスである。コークス炉の全景写真を，すでに述べた中国訪問の際のものであるが，図 2.6 に示す。石炭を詰めて蒸し焼きにし，焼き上がったら押し出すという構造上，生成するガスを外部に放出させないようにすることが非常に困難である。写真でも，コークス炉のふたの隙間から，炎やガスが排出されて白く見えている。日本のコークス炉では，このような環境対策には多大な注意が払われているが，それでも完全に防ぐことはできず，大きな問題である。

図 2.6　中国のコークス炉の全景　　　図 2.7　高炉（溶鉱炉）の概念図[7]

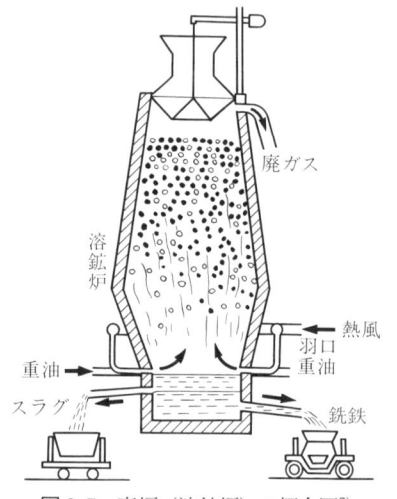

　高炉では，コークスと鉄鉱石とを層にして積み上げ，下から空気を流し込み，コークスを部分的に燃やす。発生した熱と CO により，鉄鉱石は還元されて銑鉄（不純物は含むものの，いわゆる鉄）を得る。ここでコークスは三つの役割をしている。一つは鉄鉱石を支え，空気を通す「材料」としての役割，二つめは自らが部分的に燃えて発生させた CO とともに鉄鉱石を還元して鉄にする役割，最後に自らが燃えて熱を発生させる役割である。ここでは高炉の概念図だけを図 2.7 に示しておく。

　さて，コークスの本質的な役割はなんだろうか。初めの材料としての役割は，あくまで「高炉」という装置があってこそ必要とされた役割にすぎないの

である.そして,二つめと最後の役割は,じつはエネルギーという言葉に置き換えれば,一つに集約される…「自らが燃えやすく,酸素をどこからか奪って熱を発生させる」…という機能である.還元剤とは,じつは自らが燃えてエネルギーを発生する機能と同義である.

　4章では,ゴミ処理との立場から,プラスチックの「リサイクル」の手段として,プラスチックの高炉吹き込みという「マテリアル」リサイクル,すなわちものとしてのリサイクルの一手法が示される.確かにプラスチックは,高炉原料として使われており,「マテリアルリサイクル」として通常は分類されているが,じつは最も重要な役割は「エネルギー」である.すなわち,エネルギーリサイクルと見なすべきなのである.だから高炉へのプラスチック導入は意味がないといっているのではない.というより,エネルギーリサイクルとマテリアルリサイクルとはその両者に優劣があるわけではなく,資源を守るという立場から正しく評価されることが必要であるといっているのである.

2.4　都市ガスと冷熱

　都市ガスの需要が増大するとともに,各家庭により多くのエネルギーを送り込む必要が生じてきた.あまり圧力をかけすぎると,配管の破損,漏れが問題となる.一方,配管を太くするには多大な投資が必要である.このようなことをせずに,簡単に大量のエネルギーを送り込むには,ガス自身のもつエネルギー量を大きくすればよい.このような背景とあいまって,日本に天然ガスが大量に輸入されるようになってきたのである.天然ガスの主成分はメタンであり,1 m³ 当り 10 000 kcal 程度の高カロリーを有する.なお,日本にはほとんど天然ガス資源はなく,また,欧米のようなパイプラインも敷設されていない.そこで,ほとんどすべての天然ガスは外国から液化天然ガス(以下,LNGとする)として輸入している.液化のためには冷却が必要であり,その分,諸外国に比べて割高となっている.一方,日本では冷たい LNG に海水をかけて気化させる.冷熱を,先ほどの空気分離や,マグロの冷凍に利用するこ

(ティータイム)

分離プロセスとエネルギー

　ものの分離にはエネルギーを必要としないように思うかもしれないが，それは大きな誤りである。熱力学の教科書によれば，混合物中のある成分を純粋な物質として1モル取り出すときの仕事は，$-RT \ln X$ で示される。R はガス定数，$8.314 \text{ J/K·mol} = 1.987 \text{ cal/K·mol}$ であり，T は温度〔K〕である。X はモル分率である（厳密には補正係数である活量係数を X にかける必要があるが，薄い溶液の場合には1であり，ここでも近似的に1とする）。モル分率が1であれば，もちろん分離する必要がないわけで，エネルギーは不要であるが，0.1 のモル分率のところから分離回収するには $2.3\,RT$，0.01 のところから分離回収するには $4.6\,RT$ のエネルギーが必要となる（2.3 は，$\ln 10$ の値）。初めの濃度が 0.1 であっても，その 90% を回収した後では濃度は 0.01 程度まで下がってしまうため，同じ量を得るためのエネルギーはどんどん増えていく。

　もちろん，逆に，混合するときには，同じ量のエネルギーを取り出すことができ，また実際濃度差発電といった試みもある（例えば海水と淡水とからエネルギーを取り出す）が，実用化には至ってはいない。

　上にあげた値は理論的な数字であり，通常は二つの物質のうちの一方を，他の相に移して分離することが必要である。均一の相として存在するときには，そのままでは分離できないからである。例えば吸着プロセスでは，液相あるいは気相中の二つの物質のうち，片方を固体の吸着剤に移動させ，分離する。これだけのプロセスであれば，エネルギーを必要とはしない。しかし，熱力学的に与えられる必要エネルギーは，外界に影響を及ぼさないことが必要である。すなわち，一度吸着した吸着剤を元の形に戻すことが必要であり，そのためには加熱か，あるいは減圧かの方法がとられる。いずれにしてもエネルギーを要する。これはいま，最も省エネルギー的であるとされる膜分離法でも同様である。現在さまざまな分離プロセスが提案されているが，すべての物質が分離可能なわけではなく，また，理論的な必要エネルギーに比べて多大なエネルギーを必要とすることも多い。その対象となる分離に最も適した，効率的な方法を開発していくことが技術の役割である。

　揮発性液体同士を分離する際に，最も多く使用される方法が，蒸留である。蒸留の場合には，軽い（揮発性）A 成分を蒸発させてガスとし，重い B 成分を液体として取り出す。しかし，両者が似た性質を示す場合には，何度も蒸発凝縮を繰り返し，そのたびに少しずつ重い成分同士，軽い成分同士を集めてゆく。このような方法を精留といい，石油精製で使われる。ちなみに石油精製業では，原油の有するエネルギーの 1〜2% を消費しながら，ガソリン，灯油，軽油，重油，アスファルトといった製品が生み出されている。

　通常蒸発に必要なエネルギーは大きいため，蒸留プロセスは一般に非省エネ

> ルギープロセスであると考えられているが，実際にはその随所でエネルギー回収が行われており，意外とエネルギー消費は少ない。
> 　2.3節で述べたように，酸素窒素の分離に使われている深冷分離法も蒸留プロセスの一つである。空気はまず冷却されて液体空気となる（この段階で，冷却に多大なエネルギーを必要とする）。その後通常の蒸留プロセスが採用されるが，ここでは外気温のほうが高いため，ほとんどエネルギーを消費することはない。

とも行われているが，十分とはいえない。

2.5　車社会と環境

　10年か20年あるいはそれ以前，こんな宣伝があった。「車はガソリンで走るのです」それはそのとおり。車社会を支えているものは，豊富な石油にほかならない。最近O 157による食中毒がずいぶん話題になったことがある。その際考えるのは，交通事故者数の多さ。年間1万人のオーダーである。食中毒による死者数とは比較にならない，といったら，いや自殺者はその2倍ですよといわれてしまった。最近はもっともっと多い。病死を除けば，人間にとって自殺，交通事故が大きな問題であるといえよう。ほかにも車にかかわる公害や健康被害の話題にはこと欠かない。

　さて，そもそも車はガソリンではないと動かないのだろうか。もちろんディーゼル車は軽油で動くし，タクシーの多くはLPG（液化石油ガス，主成分はプロパン）で動く。動かすだけなら，なんでも動く。第二次世界大戦の頃は，薪で走る自動車さえあったそうである。もちろん蒸気機関を使っていた。このような外燃機関で動く交通機関は，日本ではSLが見られなくなって以来，目にすることはほとんどない。

　内燃機関の代表は，ガソリンとディーゼル。まずガソリンについては，いわゆるノッキングを防ぐために，オクタン価をあげることが要求される。まず添加されたものは鉛である。もちろん鉛は健康に大きな影響を与える。そこで，鉛の添加は，もうずっと以前から日本を含めた多くの先進国では禁止されてい

る。しかし，途上国ではまだ添加されているところもあるようである。

　ついでオクタン価をあげるために添加されてきたのは，ベンゼン。ベンゼンは芳香族であり，石油中にはさほど多く含まれておらず，そのためガソリンへの添加のため，市場価格は比較的高く保たれてきた。石炭中には多くの芳香族が含まれるため，コークス炉ガスからも分離されてきた。しかしこれも，その発ガン性がいわれるようになり，その含有率は大幅に下げられた。

　公害をもたらす重要な物質として，ガソリンが不完全燃焼する際に排出されるCOおよび炭化水素（炭素と水素からなる化合物の総称で，COと同様不完全燃焼により生ずる）がある。最近でも車の排気ガスを車内に導き自殺をした例，あるいはアイドリング中に排気ガスが車内に入り込み，亡くなった例があるがこれは一酸化炭素中毒である。当然，環境にばらまかれれば，人体への影響がみられることになる。炭化水素は，従来の公害よりも広範囲に影響を与える光化学スモッグの原因物質となる。光化学スモッグの原因の第一は，車の排気ガスといわれている。

　ついで，車から排出される最も重要な環境汚染物質は窒素酸化物（以下，

(ティータイム)

光化学スモッグ

　スモッグとは，smoke（煙）とfog（霧）とを組み合わせた造語である。主として車の排気ガス中に含まれるNO_x，一酸化窒素（以下，NOとする）やそれが酸化した二酸化窒素（以下，NO_2とする）と炭化水素および空気中の酸素（以下，O_2とする）が太陽光からの紫外線により反応し，オゾンを中心としたオキシダントを形成する。オキシダントは，目がちかちかしたりあるいは呼吸器に影響を与える。NO_2だけが存在する場合には生成したオゾンが元に戻る反応があり，NO_2量以上にオゾン濃度は増えないが，ここに炭化水素が共存すると，NOからNO_2をつくる役割をするため，最終的にはオゾン濃度が増えることとなる。一方で，これも車から多く発生する細かいちりは，水蒸気が凝縮する核となるため，視界の悪化を招く。光化学スモッグは，ロサンゼルスあるいは東京などで，広域にわたる発生が報告されている。

　なお，オゾン自身は，成層圏ではむしろ人間を有害な紫外線から守る役割をしていることはすでに述べたとおりである。

NO_x とする)である。NO_x は,高温で完全燃焼する際に排出されやすいため,エンジンそれ自身からの排出は,CO および炭化水素の排出のされやすさと相反することになる。それ自身呼吸器系に影響するばかりではなく,酸性雨の原因物質でもある。さらには,前出の光化学スモッグの原因物質でもある。エンジンでの燃焼特性を制御するとともに,排ガスを触媒で処理することにより,その排出量を抑制している。今後もさらにその排出量を削減することが要求されるようになるものと思われる。このために要求されるのは,ガソリン中の硫黄分の削減である。

もちろん硫黄酸化物(以下,SO_x とする)それ自身も公害の原因となる物質であるが,SO_x 自身は現在それほどの量が車から排出されているわけではない。じつは,極微量の硫黄が脱硝触媒の性能低下をもたらし,そのために削減が要求されている。

ディーゼル車の場合は,燃費が安くまた単位走行当りの二酸化炭素(以下,CO_2 とする)発生量も少ない。しかし,ガソリン車に比べて NO_x の排出量も多く,そのうえすす(煤塵)の排出量が多い。ガソリン車に比べ規制もまだ緩くせざるをえず,大きな問題を抱えている。

2.6 低公害車

最近低公害車として話題になっている車は,まず電気自動車。走行時にはまったく排気ガスを排出しない。したがって最も低公害な車と考えられる。しかし,電気は大規模火力発電所で,石炭,石油,天然ガスからつくられるほか,原子力からもつくられる。水力からもつくられるが,いまでは火力ばかりか原子力にも及ばない。NO_x,SO_x あるいは煤塵については,大規模火力発電所ではさまざまな公害対策がなされているため,車から発生する量に比べて格段に排出量が少ない。その意味ではやはり電気自動車のほうが環境に優しいとしてよいだろう。特に,屋内のように閉鎖した空間,あるいは大都市で発生源が集中している場所での使用に関しては,電気自動車は大きな長所がある。

しかし，後述のCO_2については，必ずしもガソリン車より排出が少ないとはいえない。というのは，車からはCO_2は出ないものの，CO_2に関してだけは，大規模火力発電所でつくった電気を使ったとしても，全体をとおして排出量が少なくなるかどうかははっきりとはいえないからである。電気自動車では，エンジンの代わりにモーター，燃料タンクの代わりにバッテリーを積んでいる。電気自動車の総合熱効率は，発電の際の熱効率（化石燃料のもっていたエネルギーのうちのどのくらいの割合が電気となるか。現在約40％程度）に，充放電効率などがかかり，約20％程度となる。電気自動車の場合には，ブレーキをかけたときに普通なら失われるエネルギーを回収することも可能という長所もあるが，その一方で電気自動車に積み込むバッテリーをつくるには，エンジンをつくるより多量のエネルギーが必要と思われ，そしてそこからもCO_2は発生する。

一方，通常のガソリンエンジン車ではエンジンの効率は，その運転条件により大きく異なる。都市走行などの低負荷運転では十数％であるが，高速走行時には30％を超える。すなわち，市街地では多分電気自動車が，そして高速走行の場合にはガソリンのほうが有利ではないかと思われる。いずれにせよ，きちんとした評価が必要であるが，長・短所があることは事実であろう。これから電気自動車が大規模に導入されることがあるとしても，それは多分都市の環境を良くするためであり，CO_2を削減するためではないように，著者は思う。

つぎはアルコール（エタノール，メタノール）車あるいは天然ガス車（通常，圧縮天然ガスが用いられる）。いずれもいまのガソリン車あるいはディーゼル車に比べて，汚染物質，すなわちNO_xや炭化水素が発生しにくいという性質がある。なお，メタノールについては，微量のアルデヒドの生成が問題であるともいわれている。これらの低公害車の普及に大きな問題となるのは，車両本体の価格に加えて，その燃料の価格と供給である。ガソリンのようにガソリンスタンドで容易に手に入れられるわけではないからである。また，その価格も，現状ではガソリンに比べて大幅に高くなる。電気自動車の場合には，バッテリーが高価なことに加えて，一度に蓄電できる量が限られていることも

問題である。

2.7 ハイブリッド車

　2.6 節で扱ってきた自動車は，高効率というよりむしろ低公害を売りものにしている車である。1997 年，世界に先駆けて，トヨタからハイブリッド自家用乗用車が商品化された。ハイブリッドというのは，二つの技術の組み合わせ，といった意味である。従来型ガソリン車に電気自動車の良いところを組み合わせた，という意味でハイブリッド電気自動車ともいわれる。そして重要な点は，低公害車であるとともに高効率車でもあるということである。この車は，ガソリンで走るという点からは従来のガソリン車の範疇に収まるものともいえよう。その意味で他の低公害車とは大きく異なり，車両価格は高いが燃料はガソリンで済むため，燃料供給の問題もなく，近年量産されるようになった理由もそこにある。

　ハイブリッド車は，じつはいままでにもバスなどには採用されており，電気自動車のシステムとガソリンエンジンのシステムとの両方を積んでいる。都市内走行は電気モーター，高速はエンジンといった組み合わせがなされている。もちろん，制動（ブレーキ）時のエネルギーは電気として蓄えられるし，両方を併用することもできる。このような方式では，電気か，エンジンかのいずれかのうち，優れた効率を示すほうを選ぶことで効率を高めることができる。これをパラレル型という。一方，シリーズ方式では，エンジンはバッテリーの充電のみに使われ，モーターにより駆動がなされる。すなわちシリーズ方式では，内燃機関の出力を一度電気に変え，そして電気でモーターを動かす。

　トヨタから発売されたプリウスは，どちらかといえばパラレル型に近いものであるが，シリーズ型の長所も取り入れたものとなっている。システムの概要を図 2.8 に示す。すなわち，パラレル型のように，基本的にはどちらか一方を用いるのではなく，エンジンを動かすときにはその最大効率をつねに保ち，エンジン動力の一部は車輪に，そして残りはバッテリーにためられる。電気で駆

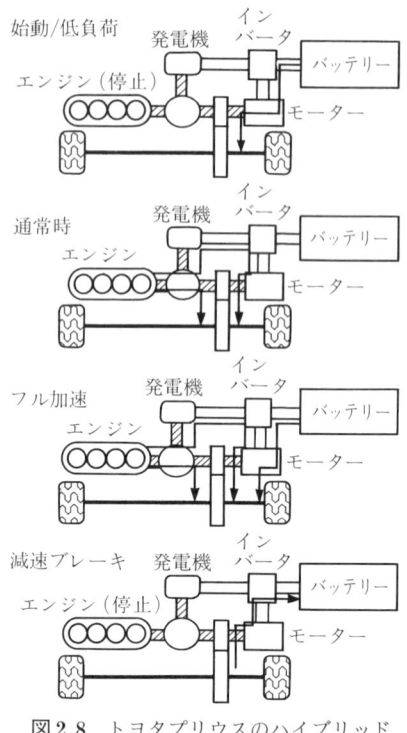

図2.8 トヨタプリウスのハイブリッドシステムの概要[8]

動するときにもエンジンの最大効率に充放電効率をかけた値で動かすことになるため，いずれの型よりもさらに効率の向上を達成している．このような最大効率域のみを利用することで，従来のガソリン車より80%，さらに制動時のエネルギーを回収することで+20%，トータルで100%の効率向上を達成している．相当するガソリン車の燃費が14 km/lであるのに対し，28 km/lとの数字を公表している．ただし，もちろんこれは運転モードによる．

このような効率向上が可能となったのは，エンジン動力をなめらかに車輪とバッテリーに配分することができる，図2.9に示す遊星ギアの開発がキーであったという．

前述のように，ガソリンエンジンはある出力付近で最も効率が良く，そのときNO_x，炭化水素の発生が少なくなる．エンジンをこのような出力範囲で必

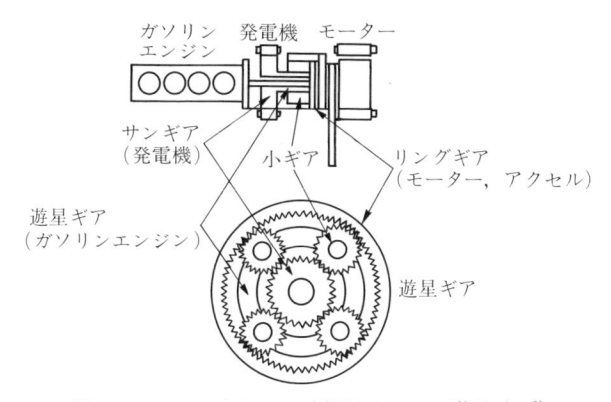

図 2.9 トヨタプリウスに採用されている遊星ギア[8]

要なときだけ動かすために，特に低公害エンジンを使っているわけではないが実質的には低公害となっている．このようにして NO_x，炭化水素の発生を防ぐとともに，カタログ上では燃費が半分になるという．もちろん燃費が半分ということは，石油の使用量も，そして CO_2 発生量も半分ということである．

さて，このようなプリウスであるが，やはり問題はバッテリーにあるといえよう．電気自動車に比べその必要容量は格段に小さいとはいえ，やはり 100 万円くらいの価格差はある（実際には政策的配慮から，価格差は数十万円に押さえてあるという．また補助金が出ているとのことであるが……）．さらに，バッテリーの寿命も心配ではある．この程度の価格差はたいしたことがないというかもしれない．しかし，いま，ガソリンが 100 円/l，自動車の総走行距離を 14 万 km，普通のガソリン車が 14 km/l としよう．ガソリン代は全部で百万円である．これが半額になってもたった 50 万円しか儲からない．まだやはりハイブリッド車は高い．

2.8 燃料電池自動車

そして最後にいま最も注目されているのは，燃料電池自動車．2000 年代初頭，といっても 2003 年，2004 年を目指した開発が各社で進められている．先

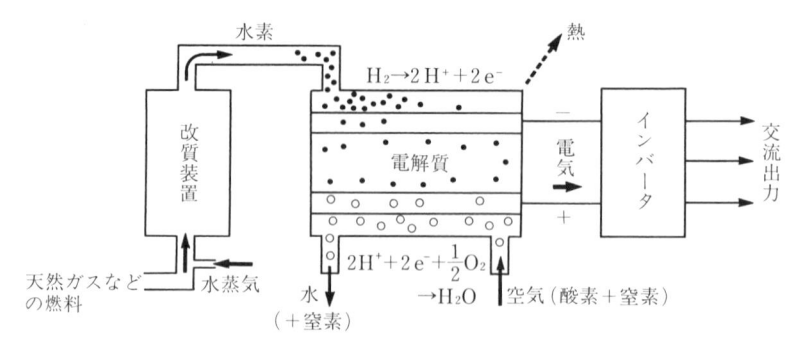

図 2.10 燃料電池の仕組み

頭を切って発表したのはダイムラー・ベンツ社，そして日本も含め他社もそれに追随している。

燃料電池とは，図 2.10 に示すように燃料と酸素（空気）とを膜を挟んで燃焼させ，その際の燃焼のエネルギーを電気として取り出すものである。取り出した電気を使ってモーターを動かす。いわば燃料で動く電気自動車ということになろうか。

今後の大規模発電，あるいは高温での利用を目指し，溶融炭酸塩型（MCFC），固体電解質型（SOFC）の開発も盛んであるが，車用と考えるとまずは固体高分子型（PEFC）が有力である。ついですでに定置利用では実用化段階にほぼ至っているリン酸型（PAFC）であろうか。PEFC にせよ PAFC にせよ，燃料として用いることができるのは水素(以下，H_2 とする)である。そこで考え方が二つに分かれる。H_2 を車に積むのか，それともガソリンを積んで車の中でそれを H_2 に変えながら使うのか。その中間にあるのが，ガソリンよりも改質が容易なメタノールを積み込む方法である。H_2 を積むとすれば，ボンベかそれとも水素吸蔵合金ということになろうか。最も高効率となるものと期待されるが，安全性あるいは H_2 の供給という面からの問題がある。一方ガソリンの場合は，当然改質器の開発がポイントとなる。ガソリンの場合でも，燃費は現在の 2 倍に向上されると期待されている。

専門家に言わせると，車用に適した安価な固体高分子型燃料電池の開発は

けっして容易ではなく，むしろ否定的な意見を言う人も多い。しかし，ホンダがCVCCを開発してきたように，多くの自動車会社が，歴史の中ではたしてきた開発力を見ると，21世紀は燃料電池自動車の時代となっているかもしれないと期待させるものがある。

2.9 馬車とロンドンスモッグ

　話が車の話になったので，少し話題を昔に戻し，車の話を続けよう。昔，自動車が主流となる前，ロンドンではおもな交通機関は馬車であった。このときにも公害は話題になった。どんな公害かというと，馬糞。ロンドン市内にある馬車の数から馬の頭数を割り出し，その馬糞の量を道路の面積で割ったそうである。その結果，ロンドン市内の道は，後何年で馬糞でいっぱいになると割り出したとか。もちろん，この計算で最も問題となるのは，馬糞の分解速度を考えていないこと。しかし，つい最近まで私たちは，逆に地球上での分解速度を考えずにさまざまな物質を排出してきており，それがオゾン層の破壊や，地球温暖化を引き起こしている。笑えない逸話である。

　そして産業革命もイギリスを中心になされた。19世紀の半ばから，化学工場からの煤煙防止を目的とするアルカリ工場法も制定される。産業振興と公害問題とがまさにしのぎを削る歴史の始まりである。そしてその流れにとどめをさす事件が1952年のロンドンスモッグである。

　1952年12月5日。真冬のロンドンを亜硫酸ガスと煤塵が覆い尽くす。この状況は，その後数日続く。そして通常より4000人も多い死者数が数えられることとなる。原因は石炭。鉄やさまざまな産業であるいは家庭で大量の石炭を使用していたためである。ロンドンスモッグはその時期にピークを迎えただけであり，それまでにも被害が目立っていたことは否めない。しかしこの事件をきっかけに，1956年には大気清浄法，Clean Air Actが制定されることになったのである。そしてエネルギー源が石炭から石油に転換される一因になったとも考えられる。

ロンドンは，盆地の中にあり，もともと風はさほど吹かない。昼間は太陽が照りつけ，地表面は高温となる。そこで熱対流が生じ，汚れた空気を上空に運ぶ。上空には風があり，汚染物質は他の地域に運ばれる。それで問題は解決する。しかし，問題は夜。地表から宇宙へ熱放射により熱が奪われる。そのため，大気より地表の温度が下がる。放射冷却と呼ばれる現象である。すると今度は，熱対流が起きない。逆転層の形成である。ロンドンを舞台にした昔の小説を読むと，朝靄がイメージされる。朝方，人間が活動を始める頃，ロンドンスモッグはそのピークを迎えるのである。

公害問題が地球環境問題と大きく異なるもう一つの特徴は，拡散過程に大きく影響されることである。ロンドンスモッグもその例にもれない。公害問題の最も簡単な対策は，汚染物質を拡散させることである。煙突をどこまで高くすべきか。これも公害防止の一手段である。

2.10　四日市ぜん息から光化学スモッグへ

二酸化硫黄(いおう)（亜硫酸ガス，以下，SO_2とする）をはじめとするSO_x。この物質はつねに公害・環境問題の中で中心的な役割をはたしてきたといってよいだろう。日本でも水俣病，イタイイタイ病などとともに，四大公害訴訟の一つに数えられる四日市ぜん息。石油化学コンビナートから排出されたSO_xが第一の原因物質であった。

1950年代後半，高度成長の先駆けともいえよう。四日市市に石油化学コンビナートが形成された。ロンドンの例とは異なり，煤塵の排出が少ない石油が原料である。石炭から石油へとエネルギーの主流が変わり，その効率的利用に取り残されたこと。それはやはり汚染物質，SO_xの排出抑制であった。

1960年代に入る頃には，呼吸器系の疾患が当該地域で目立つようになった。1967年，被害者が集まり，中部電力，いまの三菱化学などの6社を相手取り訴訟を起こした。発病メカニズムを明確に示さなくとも，疫学的因果関係のみにより，賠償責任が認められ，その後の国，企業の対応に大きな影響を与えた

事件である。また，この判決が一因となり，1973年には亜硫酸ガスの排出基準が改められたのである。

　四日市市は，けっして盆地ではないが，山が迫った非常に狭い地域に多数の排出源が集中したことが，最大の原因と考えてよいであろう。川崎や，他の工業地帯でも，程度の差こそあれ，同様の原因による公害がもたらされた。

　これらの60年代のSO_xを中心とした公害問題も，すでに解決されたとしてよいであろう。日本の火力発電所あるいは大部分の大規模な工場には，脱塵，脱硫，脱硝装置が取り付けられている。

　その後，日本で生じた公害問題といえば，農薬，光化学スモッグ，そしてゴミ処理場，ダイオキシンと続く。これらの問題は，けっして鉱工業からの排出が原因とはいえず，例えば農薬でいえば，農業あるいはサービス業としてのゴルフ場からの流出が問題となっている。光化学スモッグについては，工場からの排出も原因の一つではあるが，その主因は車からの炭化水素といわれている。

2.11　途上国の公害問題

　2.10節まででは，日本ではいわゆる旧来型の公害問題は解決されたと考えてよいだろうと述べた。日本は，よく公害先進国と称（賞？）せられる。しかし，それは日本の有効な人口密度，すなわち平地面積当りの人口密度が高いからである。国土面積当りの人口密度は先進国間で，さほど高いわけではない。しかし，ヨーロッパを鉄道で旅してみると，最も人口密度の高いベルギーですら，「なんとゆったりしているのだろう」と感激する。日本では北海道でしか見ることができないような風景である。そう，日本は，工場も含め，狭い平地に多くの産業と人口を抱えている。その密度は，他の先進国の十倍にもなる。

　このような事情の下で，日本では公害が世界に先駆けて発生し，そしてその対策技術が世界に冠たるものとなったのである。そしてそれがクリーンビジネスにもなり得たのである。よく他の先進国での公害対策が，例えばアメリカでは日本に比べ遅れていると指摘する向きもあるが，じつは，上述のように，公

害問題を考える限りは，同一の環境レベルを保つためには，その排出密度に比例して，排出規制が厳しくなる必要があるのである．産業密度が低い国であれば，日本ほど厳しい規制はいらないのである．

このように，先進国については，程度の差はあれ，それぞれの国情に応じた公害対策はとられているとしてよい．しかし問題は途上国である．特に途上国の都市である．まず，都市に人口が集中し，実質的に日本以上の人口密度となっている．車も20年以上前の，整備不十分な未対策車が多く走る．下水処理，ゴミ収集さえおぼつかない．水質汚染しかり，大気汚染しかり．国によっては衛生面での対策さえ不十分なところすらある．そして都市の周辺には，産業や発電所がひしめき，そのような状況にもかかわらず欧米並みの対策さえとられてはいない．日本などの先進国に比べ平均寿命が短い一因とも考えられる．

2.12 エネルギーと事故，安全性そして戦争

公害問題と並んで，エネルギー利用に伴う話題は，事故と安全性である．いうまでもなく，ガスの利用に伴うものは，火災と爆発．先ほど記した自殺はできなくなったものの，特にプロパンでの爆発事故が目につく．通常の都市ガスは，メタンが中心で空気より軽いのに対して，プロパン（通常 LPG と書かれるガス．主成分はプロパンである）は空気より重く，下にたまり，拡散しにくい．さらに，普通の都市ガスでも爆発は起きる．ともかく，ガス漏れ検知器の設置は不可欠である（ただし，重いプロパンガス用か，軽い都市ガス用かを考え十分注意して設置場所を選ぶ必要がある）．油などへの着火による火事．これは気をつけるしかない．最近は立ち消え防止ばかりではなく，油の過熱時にガスが止まるコンロが発売はされているが．

安全といわれる電気でも，漏電による火災事故は後を絶たない．コンセントにほこりがたまれば，火災の原因となる．ほこりの進入を防ぐコンセントカバーなるアイデア商品も売り出されている．それよりなにより，感電すれば，

下手をすれば命を奪われかねない。アースは不可欠である。

　車にしても，多量のガソリンを積んでいる以上，事故の際は爆発が心配である。飛行機，船もしかりである。その意味では，電車は最も安全といえる乗り物かもしれない（列車事故の話はあとをたたないが……）。原油は，タンカーにより運ばれる。これが座礁し，船倉に穴があけば，油が海洋に広がる。最近ではこれも日常茶飯事。思い出すのは中東戦争，燃えさかる油田，そして海洋に流出した油。

　そもそも人間にとって，エネルギーの獲得とは，エネルギー利用に伴う危険をいかに回避するかとの戦いにほかならなかった。火は，自然には，雷などにより発生した山火事そのものであった。それを，自ら制御できる環境に持ち込み，そして自らつくり出していった初めての動物が，人類であったのである。エネルギーを使う以上，そこには必ず危険が伴う。

2.13　原子力とチェルノブイリ

　人類の第二の火ともいわれる原子力。これもその開発は軍事利用からスタートしたといってもよい。そしていま日本には 50 以上の原子力発電所が立ち並び，全電力の 3 割を供給している。原子力発電所に関する事故例としては，1979 年にスリーマイルス島。そして 1986 年にチェルノブイリ。特にチェルノブイリでは，付近住民が多大な被害を受け，多くの犠牲者と後遺症を残したばかりではなく，放射能汚染がヨーロッパ全域にまで広がった。この事故も，出力調整の実験中に起こった，といわれている。

　原子炉にはさまざまな形式がある。チェルノブイリの発電所は，図 2.11 (a) の黒鉛炉と呼ばれるタイプであり，黒鉛を原子炉から出る中性子の減速材として用いている。このタイプの炉は，低負荷での運転が困難であり，もともと制御性が低いことが問題とされる。一方，日本など世界でおもに採用されている形式は，図 (b) の加圧水型の軽水炉と呼ばれるタイプであり，水を減速材として用いている。制御性は高く，スリーマイルス島での事故でもチェル

2. 公害・災害とエネルギー

ノブイリほどの広範かつ甚大な被害はもたらされなかったとはいうものの，やはり事故に対する危惧は残る。いずれも人為的なミスによるものとされる。しかし，考えようによっては，人為的事故であるということは，防ぎようがある事故であるともいえよう。

われわれ人類にとって欠かせないエネルギー。しかし，一つ取り扱いを誤ると，悲惨な事故，そして環境汚染が待ちかまえている。もちろん原子力しかり。しかし，前節までに述べたように，他のエネルギー源でも，やはり程度の差こそあれ，同様の恐れがあることは認識しておく必要があろう。

2.14 エネルギー利用の歴史

図 2.12 に示すように，人類の歴史はエネルギーの歴史であるともいえよう。百万年前には，生命体としての人間のエネルギー源すなわち食糧としてだけエネルギーを用いていた人類は，その調理や，あるいは暖房にエネルギーを用いるようになり（火の発見），数千年前には農耕用のエネルギーとして家畜を用いるようになり，風車や水力が食品のプロセッシングにまで用いられるように

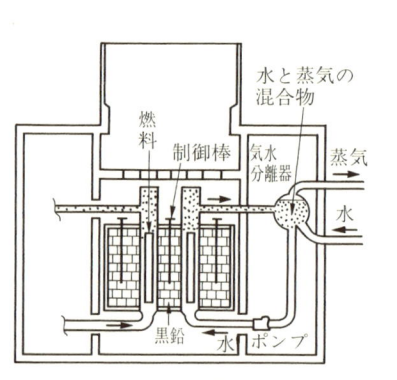

チェルノブイリの原子炉（RBMK）　　　加圧水型炉（PWR）
(a) 黒鉛炉　　　　　　　　　　　　(b) 軽水炉

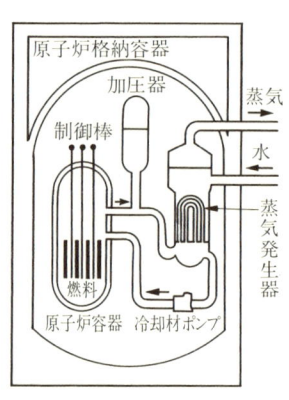

図 2.11　黒鉛炉と軽水炉[9]

2.14 エネルギー利用の歴史

なる．そして最も大きな革命は，19世紀末の産業革命である．輸送に，工業生産に石炭がエネルギー源として用いられるようになるとともに，化成品が石炭からつくられるようになったのである．日本では水力が主要な電源として注目された時期もあった．そして公害と高度成長期．石油が石炭に代わり用いられるようになる．しかし世はオイルショックを経験する．さてこれからのエネルギー源は，再び資源量が豊富な石炭なのか，CO_2 を出さない原子力なのか，水力に代わる自然エネルギーなのか．そしてそれはどのような形で用いられるようになるのだろうか．

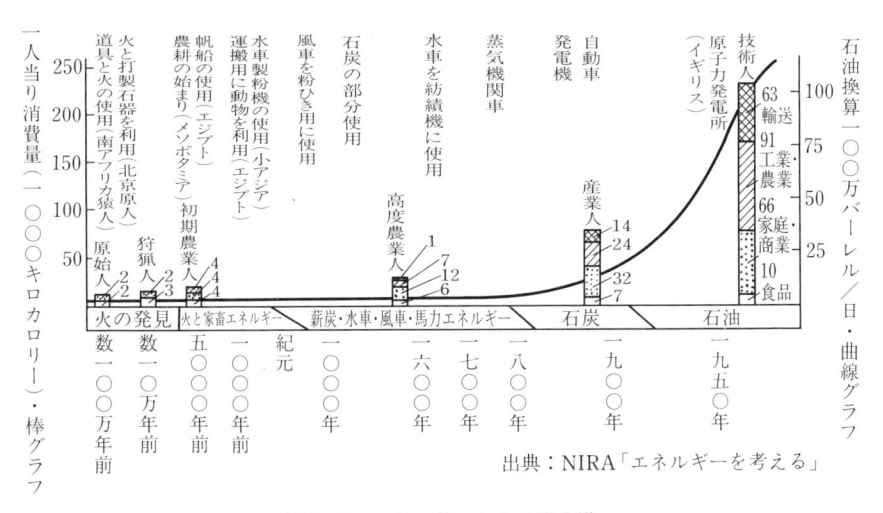

図 2.12 エネルギーと人の歴史[10]

3 自然環境の破壊とエネルギー

3.1 植物の歴史と人類

　人類が地球に出現したのは地球の歴史の中のほんの最近の一瞬である。そして人類が，産業革命という「画期的」な技術革新を遂げたのは，そのまたたった2百年前のことである。その後の歴史は図2.12に示したとおりである。石炭から石油に，そして公害問題から地球環境問題に。しかし，人類の歴史を振り返って，産業革命以前を自然といえるのだろうか。

　主たる化石エネルギーである石炭の形成は，地球が出現してから45億年のうち，樹木が形成されてからのたった3～4億年の間になされた。人類と比較すれば樹木は千倍以上も地上に生存していたこととなる。石油も，プランクトン起源だといわれている。プランクトンには動物性のものもあるが，動物性プランクトンはやはり植物性プランクトンを捕食して生きてきたのである。現在，人類の活動の源となるエネルギーの9割近くを石炭，石油あるいは天然ガスといった化石燃料に依存しており，この化石燃料を数百年の間に使いはたそうとしている。樹木の歴史の百万分の1の期間である。

　人類は，森林を切り開いていったばかりではなく，森林やプランクトンが長年かけてためてきたものをも使い，そして飛躍的な"発展"を遂げた。人類は異常に繁殖し，異常な欲望で自然を破壊し，生態系を非定常的に変えていった。もちろん，生態系それ自身も，地球の歴史が流れていくなかで，ゆっくり

とその形を変えてきた。だが，近年，過去の歴史と比べようもないほど急激な変化がもたらされた。そしていまも人類は，さらに急激な変化を自然にもたらしているのである。

> ### ティータイム
>
> #### 地球の歴史
> 地球の歴史は45億年といわれている。表3.1はさまざまな生物が地球上に現れた時を示している。陸上植物が地上に現れたのは4億年くらい前である。現在につながる人類がいつ誕生したのかに関する議論はまだ続いているが，旧人ですら百万年前に出現したにすぎない。地球の歴史の4500分の1である。そして人類が化石燃料に手をつけはじめ，大量に消費するようになったのは，産業革命以降のたった2百年である。地球の歴史が，産業革命以降の歴史の，10の7乗倍以上の長さをもっていることがわかる。
>
> 表3.1 地球の歴史年表[11]
>
> | | 出 来 事 |
> |---|---|
> | −45億年 | 地球の誕生 |
> | | 大気・海・岩石の形成 |
> | −35億年 | 原始細胞の発生 |
> | −25億年 | ラン藻(光合成)の発生 |
> | | 酸素の増加 |
> | −15億年 | 多細胞・真核生物の発生(酸素呼吸) |
> | −10億年 | 海綿・クラゲの発生 |
> | | オゾン層の形成 |
> | −4億年 | 生物の上陸(植物) |
> | −3.5億年 | 陸上動物の発生 |
> | −3億年 | 爬虫類の増加 |
> | −1億年 | 哺乳類の増加 |
> | −6000万年 | 恐竜の死滅 |
> | −2000万年 | ドリオピテクス(類人猿) |
> | −500万年 | アウストラロピテクス(猿人) |
> | −300万年 | ホモ・エレクトウス(原人) |
> | −100万年 | ネアンデルタール(旧人) |
> | −5万年 | ホモ・サピエンス(現世人) |

3.2 植物の役割

　本来，定常的な生態系では，その時代に生きていた緑色植物が固定した有機物だけがエネルギーの源であった。すべての他の生物は，バクテリアも，きのこも，マンモスもその中で生きてきた。人類以外の動物は，その範疇を越えることはなかった。

　さて，それでは人類はエネルギーさえあれば生きていくことができるのだろうか。金属資源などの他の資源の問題もあるが，基本的にはその機能に代わる材料を開発していくとすれば，あるいは希釈された資源からエネルギーをかけて濃縮すれば，あるいは資源を浪費せずリサイクルしていけば，と考えれば，あとは必要なものはエネルギーだけである。エネルギーさえあれば生きていくことは不可能ではないだろう。

　しかし，現実に立ち返ってみよう。現在の化学製品の原料の大部分は石油である。化石燃料以外のエネルギーだけから有機物を思いのままにつくり上げることは，まずしばらくは無理といわざるをえない。化石燃料からなら食糧をつくることは不可能ではないだろう。もとは植物や動物だからである。しかし，それでも人間の口に合うものをつくるのは難しい。ましてや太陽エネルギーから食糧をつくることは，ほぼ不可能といわざるをえないだろう。食糧だけは元を植物，あるいはこれを消費している動物に頼らざるをえない。

　森をはじめとする生態系は，人類にとってもさまざまな役割をもっている。とすれば人類のとるべき道は，太陽などの再生可能なエネルギーを手に入れ，その一方で緑と農地を守ること，そしてそのことが可能な範囲で，人口も含めた人間活動の規模を抑制することしかない。

ティータイム

緑の役割のいろいろ

　人類にとっての植物の役割の第一は，3.2節で述べたように食糧生産である。しかし，**図3.1**に示すように，植物，特に森林はほかにも人類に多大な寄与をもたらしている。水資源確保，土砂崩壊防止，浸食・災害防止，水および大気の汚染物質浄化作用，地球気象安定などである。もちろん，木材生産もしかりである。さらには，人類にとって緑はレクリエーション・精神的やすらぎの場でもある。

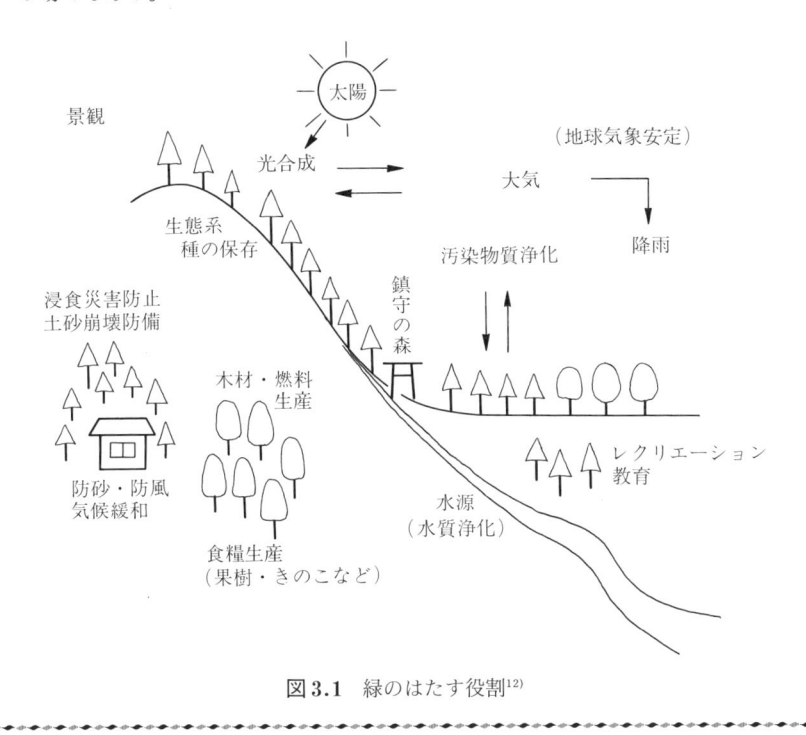

図3.1　緑のはたす役割[12]

3.3 炭素循環における生態系の役割とエネルギー

まず,炭素循環における生態系の役割を考えてみたい。生態系における生産とは,エネルギー準位の低い二酸化炭素(以下,CO_2とする)と水(エネルギーをほとんど有しない物質という意味。木や石油を燃やせばエネルギーが得られ,そしてこれらの物質が残る)を主原料,各種栄養素を副原料として,太陽エネルギーを用いてエネルギー準位の高い有機物を合成する過程である。このプロセスは一次生産と呼ばれ,太陽エネルギーを有機物として固定するプロセスである。そしてこのように固定された有機物は,江戸時代までは人類を支える唯一ともいえるエネルギー源であった。そして現在でも,生物としての人間のエネルギー源,すなわち食糧は,光合成にすべてを依存している。

太陽エネルギーから有機物へのエネルギー変換効率は,けっして高いものではない。熱帯雨林での光合成による太陽エネルギーの利用効率は1％程度である。さらには人類の手が入らない成熟した森林では,その75％がその場で呼吸として消費されてしまう。残りの大部分も枝葉として落下し,土中で分解される。あるいは木の実は動物の餌となる。したがって,生産されたエネルギーは,その生態系のなかで,微生物や動物のエネルギー源として,結局は消費されてしまう。

このことをふたたび炭素循環の目から見ると,CO_2は光合成により有機物として固定されるが,その一方で同量のCO_2が排出されていることになる。よく新聞などで,「アマゾンは地球の肺」であるという記述が見られる。確かに森林を含めた植物は光合成をし,酸素を放出するが,その分はいずれ自ら,あるいはこれからはじまる植物連鎖の過程で土壌微生物なども含めた動物の呼吸により大気に戻る。その意味ではアマゾンの「森林」による光合成は肺にたとえられてもよいが,「アマゾン生態系そのもの」は体全体であり,けっして地球全体の肺の役割を担っているわけではない。いくら森林が「存在」していても,化石燃料から放出されたCO_2まで吸収することはない。

炭素循環における生態系の役割は単に炭素をためている「だけ」の場所である。したがってその場所を破壊してしまえばその分は CO_2 として放出されてしまうことになる。一方で，なにもないところに森林生態系が出現するならば，あるいは森林生態系が大きくなるなら，この分は CO_2 を吸っていることになる。

なお，最近，木は CO_2 の吸収源である，との説が強力になりつつある。しかしこれはじつは，産業革命以降大気中の CO_2 濃度が増大することにより，それまでより樹木が大きく成長し太っている，すなわち定常とはみなせない状態が生じているためである。ある地域では，CO_2 が成長の制限因子となっているためである。もしそうであればこのような状態の下で，森林生態系が「地球の肺」としての役割をはたしているといえないこともない。しかしそれはいま CO_2 濃度が上昇しているという特殊な状況の下での話であり，定常時の話ではない。さらには CO_2 濃度がどんどん増えていったとしても，それに伴ってどこまでも木が大きくなり続けるとは考えにくい。どこまで木が CO_2 を非定常的に吸うことができるのか，これはじつは，地球環境を研究している研究者の間で，いま一番ホットな話題の一つとなっている。

3.4 さまざまな生態系中の炭素循環

表 3.2 はさまざまな生態系の面積とその中の炭素存在量（stock），一次純生産量（flow）およびこれらの面積当りの値と時定数（存在量を純生産量で除した値であり，平均何年でそこにある炭素が入れ替わるかを表す）を示したものである。全陸域に目を向けるなら，全炭素の 3 分の 1 程度が生体中にある。そして生体炭素のほとんど（90％程度）が森林中にため込まれている。一方，海洋については，生体としての炭素の保持量はほんのわずかである。

今度は純一次生産量（純生産量）を海と陸とで比較してみよう。生体としての炭素をほとんど有していなかった海であるが，生産量は，地域によっては陸上を凌駕している。これらのことから，海では生産と分解とがつねに行われて

3. 自然環境の破壊とエネルギー

表 3.2 種々の生態系中の炭素の保持量と流れ[13]

生態系	面積 (億ha)	有機物(億t-C)		密度(t/ha)			純生産量 (億t-C/年)	生産密度 (t/ha/年)	滞定時(年)	
		生体	遺体	生体	遺体	総計			生体	総計
熱帯林	18 [24.5]	2 700 [4 610]	1 260 [1 470]	150 [188]	70 [60]	220 [248]	136 [222]	7.5 [9.1]	20 [21]	29 [27]
温帯林	12 [12.0]	1 300 [1 740]	1 530 [1 080]	110 [145]	130 [90]	240 [235]	71 [67]	5.9 [5.6]	19 [26]	40 [42]
亜寒帯林	13 [12.0]	1 100 [1 080]	2 250 [1 560]	85 [90]	175 [130]	260 [220]	43 [43]	3.3 [3.6]	26 [25]	79 [61]
低木林	8 [8.5]	400 [220]	800	50 [26]	100	150	24 [27]	3.0 [3.2]	17 [8]	50
淡水湿原	4	40 [135]	800	10 [34]	200	210	12.5 [31]	3.0 [7.8]	3.2 [4]	67
熱帯草原	13 [15]	70 [270]	1 040	5 [18]	80	85	19.5 [61]	1.5 [4.1]	3.6 [4]	57
温帯草原	9 [9]	90 [63]	1 350	10 [7]	150	160	22.5 [24]	2.5 [2.7]	4.0 [3]	64
農耕地	14 [14]	140 [63]	840	10 [4.5]	60	70	42 [41]	3.0 [2.9]	3.3 [4]	23
ツンドラ	8 [8]	40 [23]	1 600	5 [2.9]	200	205	4.0 [5]	0.5 [0.6]	10 [5]	410
(半)砂漠	45 [42]	50 [61]	260	1 [1.5]	6	7	9.0 [7]	0.2 [0.2]	5.5 [9]	35
放棄地	5 [ー]	150 [ー]	400	30 [ー]	80	110	12.5 [ー]	2.5 [ー]	12 [ー]	44
全陸域	149 [149]	6 080 [8 265]	12 130 [ー]	41 [55.5]	81 [ー]	122 [ー]	396 [528]	2.7 [3.54]	15.4 [15.7]	45 [ー]
河口	1.4	6.3		4.5	25		10	7.1	0.63	
藻原珊瑚	2	5.4		2.7			7	3.5	0.77	
湧昇流域	0.4	0.04		0.1			1	2.5	0.04	
大陸棚	27	1.2		0.045			43	1.6	0.03	
外洋	332	4.5		0.014			187	0.56	0.02	
全海域	361	17.4	9 000	0.048	25	25	248	0.69	0.07	36
全地球	510 [510]	6 100 [8 280]	21 000 [ー]	12 [16]	41 [ー]	53 [ー]	644 [776]	1.26 [1.52]	9.5 [10.7]	42 [ー]

注) [ ]は出典が異なるデータ。[依田 1982],[Woodwell 1973],[Woodwell 1987],[堤 1987],[小島 1999]などから作成

おり，時定数は森林と比較して小さい値となっている。

遺体中の炭素量については，陸上，海洋ともに重要な役割を占めている。陸上では地上の2倍の量の炭素が土中に存在し，炭素のstockとして非常に重要な役割をはたしている。土壌中の微生物は呼吸により有機物の分解を行っており，この呼吸速度は温度とともに速くなる。このことは，遺体まで含めた総炭素量を基準にした時定数の違いからも理解される。すなわち熱帯林では，特に表層での存在量が少なく，かつ分解速度が速く，地表部伐採とともに速やかに土壌中有機物が消滅し，生態系が容易に破壊され，それを回復することが困難となる。一方，寒冷地の森林では，土中の有機物が多量に存在するため，森林自身の炭素保持量は小さいが，生態系としては安定している。

3.5 さまざまな物質循環に及ぼす人為的な影響

炭素ですらじつはどのように地球上で循環しているのかは，正確にはつかめていない。5.3節（図5.6）に示すように，だいたいは挙動がつかめているが，排出と吸収とが合うのか合わないのか，合わないとすればどこの見積もりがおかしいのか，といったホットな議論がなされているところである。

一方，他の元素については，炭素のような合う合わないの議論すらできないのが現状である。生態系特に陸上植物にとっての栄養塩，例えばリン，窒素，カリウムですらその移動量の見積もりには大きな誤差があると思われる。そしてさらには人為的な影響がさまざまな面で地球規模の循環に影響を及ぼすようになった。なお，陸上植物中の栄養塩元素量を炭素量で割った比の値は，海洋プランクトン中の元素比と比較すると非常に小さい。このことは，森林中ではわずかな栄養塩で多量の炭素をstockしているということである。しかし，これらの栄養塩は熱帯でも70%以上が，温帯では90%以上がたった0〜30 cmの深さの土壌に存在しており，土壌破壊により窒素が一度に流出すると，回復が困難となる。栄養塩の点からも，土壌流出の影響は大きいものがある。

図 **3.2** の□枠の中の数字は地球に存在する窒素の量〔Tg，テラグラム＝

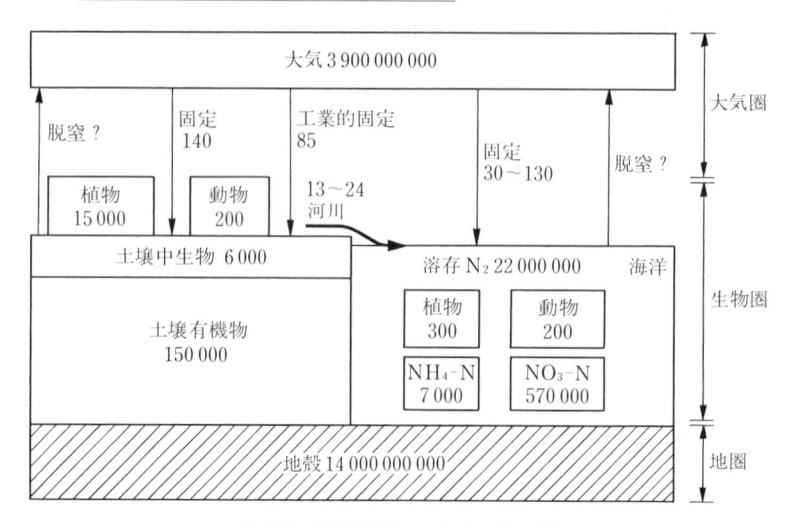

48   3. 自然環境の破壊とエネルギー

```
┌─────────────────────────────────────────────┐
│         大気 3 900 000 000                   │  大気圏
└─────────────────────────────────────────────┘
  ↑脱窒?  ↓固定  ↓工業的固定   ↓固定30~130  ↑脱窒?
         140    85
   ┌──────┐ ┌──────┐  13~24
   │植物  │ │動物  │  河川
   │15 000│ │ 200  │
   └──────┘ └──────┘
┌──────────────────────┐ ┌──────────────────────┐
│  土壌中生物 6 000     │ │ 溶存 N₂ 22 000 000  海洋│
│                      │ │  ┌────┐ ┌────┐      │
│  土壌有機物          │ │  │植物│ │動物│      │  生物圏
│  150 000             │ │  │300 │ │200 │      │
│                      │ │  └────┘ └────┘      │
│                      │ │  ┌─────┐┌─────┐     │
│                      │ │  │NH₄-N││NO₃-N│     │
│                      │ │  │7 000││570 000│   │
│                      │ │  └─────┘└─────┘     │
└──────────────────────┘ └──────────────────────┘
┌─────────────────────────────────────────────┐
│         地殻 14 000 000 000                  │  地圏
└─────────────────────────────────────────────┘
```

図 3.2 地球規模での窒素の流れ[14]

Mt, メガトン〕を, また□枠の外にあり, 矢印とともに示した数字はその動き〔Tg/年〕を示している。ここで, 大気や海洋中に存在する窒素の大部分は気体, あるいはそれがとけ込んだものである。実際に大気との交換に関係しているのは, 有機物あるいは無機物としての窒素であり, これらが大気中の窒素からつくられることを固定という。ここで注目されるのは, 陸上あるいは海洋での大気からの固定量に匹敵する窒素が, 工業的すなわちおもに肥料としてつくられていることである。自然に固定される量の4分の1~3分の1にもなる。そしてそのことが富栄養化の原因になっているのである。

さまざまな微量元素や微量物質についても, 人的活動の結果, 生態系の循環に大きな影響を与えるようになっている。特に有害元素の循環の変化は, さまざまな意味で環境へ大きな影響を与え, ともすると人間の生存すら危うくしかねない。例えば鉛にしても, 1950年代くらいから急激な環境濃度の増大が観測されている。そして最近では, PCB（ポリ塩化ビフェニール）のように従来自然界に存在せず, ほとんど分解されない物質も, 環境に多く排出され蓄積されている。

3.6 酸　性　雨

　地球環境問題として注目されている問題の一つに酸性雨がある。酸性雨とは，酸性の雨（または霧）が降ることである。ただし，大気中にはもともとCO_2があり，これが蒸留水にとけ込んだだけ（これを炭酸という。炭酸飲料の炭酸である）で，水は酸性になる。そのときのpH（酸性の強さを表す指標。pH 7 のとき，中性で，数字が小さくなるほど酸性の度合いが強くなる）は 5.5 であり，普通は pH 5.5 を超えた雨水が降るとき，酸性雨という。

　酸性雨は地球温暖化問題と同様，人体への，少なくとも命への直接の影響が懸念されているわけではない。もちろん，強い酸性の雨が降れば，皮膚や毛髪への影響はないとはいえないだろうが。

　最も被害が深刻に受け止められているのは，森林への影響である。一つは直接，葉にあたり，葉を枯れさせる。確かにずっと酸性雨にさらされるのはしんどいけれど，それは人体に与える影響と同様，さほどのことはないかもしれない。もっと問題なのは土への影響である。土壌を酸性化させ，そのこと自身が根を弱らせるとともに，アルミニウムなどの植物の成長を抑制する元素が土壌に溶出しやすくなることである。さらに土壌中，特に廃棄物などを埋め立てた土壌中には，さまざまな有害（ただし，酸で溶け出すような重金属については，微量でも有害というわけではなく，ある濃度以上になったときに問題となることが多い）物質が存在し，その溶出による地下水への影響なども心配される。また，酸性雨は，一部は湖沼に集まり，湖沼の pH を酸性にする。一見水はきれいでも，まったく生物が住まない（だから逆にきれいに見える）死の湖沼を形成する原因ともなる。

　もう一つの影響は，屋外の文化財あるいは建造物への影響である。酸性雨に長期間さらされることにより，彫刻などの表面が溶け，その文化的価値が失われることが心配されている。

　原因となる物質はなんだろうか？　原因物質は，おもに化石燃料の燃焼によ

り，車，工場などから発生する，二酸化硫黄（以下，SO_2 とする），窒素酸化物（以下，NO_x とする）などの酸性物質である．前述のように，これらの物質は公害汚染物質でもあり，呼吸器に影響し，例えば四日市ぜん息という公害を引き起こしたし，NO_x は光化学スモッグの原因物質でもある．これが，大気中で拡散し，大気中で一部形を変え水に溶解すると，硫酸（H_2SO_4）や，硝酸（HNO_3）といった，非常に酸性の強い物質になる．

　酸性雨の影響が大きい地域は，公害問題と同様，石炭・石油などの化石燃料を多量に燃やす地域であるが，公害問題よりさらに広域での発生密度が問題となる．とともに被害の発生も広域となる．日本でいえば，公害は，例えば四日市であり，あるいは川崎であり，コンビナートとして工場などが密集していた地域であった．しかし，酸性雨については，さらに広域の原因，すなわち車からの汚染物質の排出や，中国や韓国といった大陸からの酸性雨原因物質の輸送が問題となる．当然のことながら，酸性雨の被害は中国自身でも問題となりつつある．中国では，これらの物質の，発電所あるいは工場からの排出防止がほとんどなされていないため，大きな問題となっている．しかし，中国にとっては，酸性雨自身の問題というよりむしろ，その前段階，すなわちそれらの物質が直接人体に被害を及ぼす，局所的な公害問題をまず解決すべき，そんな状況にあるといえよう．工業都市でのぜん息の罹患率は日本などとは比較にならないほど高レベルにある．中国に限らず，多くの途上国の大都市近郊で，これに類することが問題となっている．

　全世界に目を向けると，酸性雨の問題は，北欧，東欧，ドイツなどで見られる．これらの問題は確かに公害問題よりは広域ではあるが，ある地域に限定された問題である．しかし，その影響が，国境を越え，他国に及ぼすという点では，一つの地球環境問題であると定義されよう．

3.6 酸性雨

ティータイム

日本の酸性雨（図 3.3）

　関東北部の山林での森林被害は，関東地区全体での発生に主原因を求めることとなる。関東地区全体では，車，特にディーゼルからの NO_x の発生密度が高く，これが主因と考えられる。しかしながら，日本全体の規模でさらに広域に原因を求めると，大陸，すなわち中国あるいは朝鮮半島からのこれらの原因物質の流入が考えられる。日本には日本山脈が通っており，太平洋側への影響がどれほどあるかについては諸説があるが，少なくとも日本海側については大陸からの影響が大きい可能性があると考えられている。

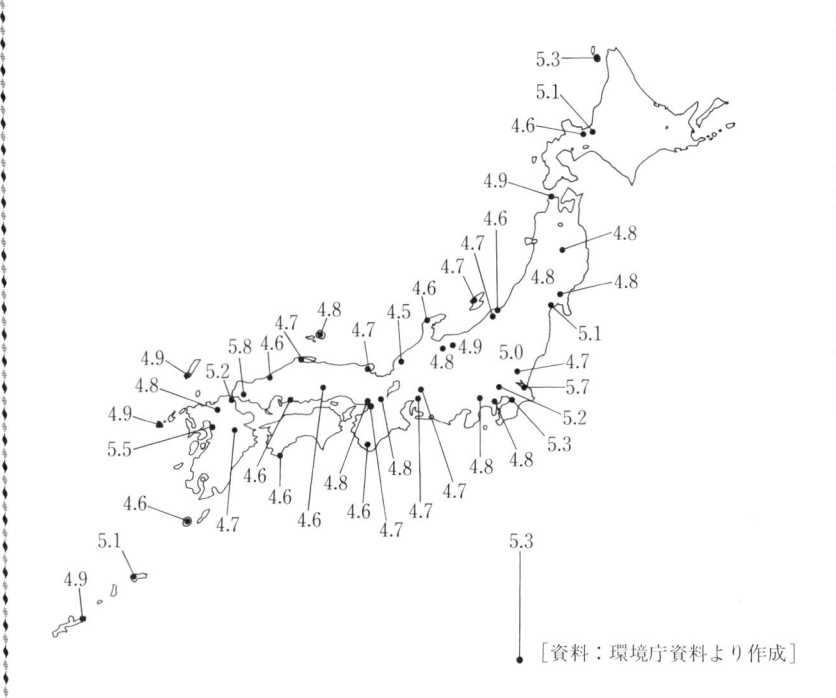

[資料：環境庁資料より作成]

図 3.3 日本の酸性雨（1995 年度 pH 値）[15]

　中国大陸から運ばれるものは，酸性物質だけではない（**図 3.4**）。カルシウムなどのアルカリ性の土壌微粒子も風に乗って運ばれる。その両者が中和し，酸性雨の被害を最小限に押さえているとも考えられている。

図3.4 酸性物質の移動過程[16]

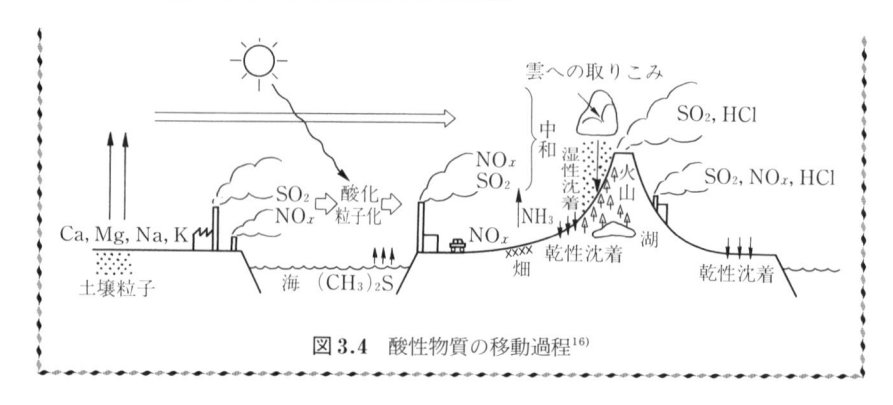

3.7 熱帯林破壊

　熱帯林の破壊が進んでいる。現在たった2〜4年くらいの間で，日本の全面積（4千万 ha）の熱帯林が消滅しているといわれている。要因としてよくあげられるのは，木材輸出である。木材の年生産量は世界で30億 m^3 を超えるが，この約半分は主として針葉樹材として先進国で生産されている。この分については，表3.2から見られるとおり，相対的に少ない資源量（亜寒帯林の森林面積）から生産されており，計画的経営がなされているということを反映している。

　熱帯からの木材輸出それ自身の量は，熱帯林の破壊と比べればけっして多い量ではない。さらに生産国で樹材自身あるいは紙パルプとして用いられる割合も，全体から比べればわずかである。本来，このような商品への利用が可能な，価値の高い樹木はさほど多く存在するわけではなく，価値の低い植生を残しながら伐採を進めることは原理的には可能である。また，伐採後に再び植林を進めることも可能なはずである。加えて，熱帯雨林の木材資源量は針葉樹林資源量以上に存在することを考慮すると，かりに同量が使用されるとしても，計画的管理がなされれば，熱帯林破壊には結びつかないはずである。現状では，森林伐採後の再植林への投資に見合わないほどの低価格で木材が取り引きされている点，あるいは国際協調のうえに立った環境への投資がなされていな

3.7 熱帯林破壊

いことに問題があると考えられる。すなわち，植林をするよりむしろ，伐採をさらに奥地に進めるほうがコストが安かったがゆえに，森林破壊が進んだともいえよう。そのコストの安さには，人間の有する「科学技術」と，安価なエネルギー，これらによる輸送手段の発達が背景にある。

途上国での生産はその約8割が，木材というより薪炭として燃料として使用されており，世界の全エネルギー消費量の数％にも達するといわれている。また，その使用量は年々増大している。このような燃料の大部分は非効率的に使用されており，その使い方の工夫，例えばガス化するなどの方法で，効率の大幅な向上が計れるものと思われる。私たちにとっては安価な化石エネルギーが入手できず，彼らは彼らの生活の大部分を自然に頼ることになる。保健衛生管理が十分ではない時代には，人口それ自身も自然な形でバランスしていたものが，その面での援助が新たなエエルギーと環境という問題を引き起こしたという，うがった見方もできる。熱帯林の破壊を根底から考え直すのであれば，これらの地域でのエネルギー供給の問題を根本から考え直す必要がある。ここでもエネルギー供給の重要性が指摘される。

しかし，熱帯林での熱帯材生産量のほとんどを占める薪の使用量は，石炭換算で「高々」数億tであり，森林破壊の原因はほかにも求めざるをえないともいえよう。それでは最も大きな要因はなんなのだろうか。熱帯林破壊の主因は，焼き畑などによる農地への転換であるといわれる。その背景には人口圧力による食糧生産増強の必要性がある。焼き畑農業自身は旧来から行われてきた伝統的な農法であり，焼き畑の後は十分な時間放置し，自然の植生と地力の回復を待って，再び焼き畑を行うとのものである。これはある意味ではやむをえないものであり，ある限定された地域で，限られた生産力を人力のみで最も有効に活用する手段であったともいえる。少なくとも長い目で見れば再生可能な農法であったといえよう。しかし現在の焼き畑の主流は，伝統的な焼き畑とは異なり，再生可能な土地利用ではなく，破壊的なものといえよう。特に，先進国への輸出用の換金作物の生産のためのものは，森林を切り開いて行われることが多い。

前述の焼き畑と木材の切り出しとは深い関係がある。切り出しには道路が必要である。伐採後，放置された土地に道路を伝って現地農民が入り，焼き畑を進めるというプロセスである。日本などに輸出される木材伐採も焼き畑，牧草地化，荒廃化の誘因ともいわれる。木材の搬出に伴う一時的な枝葉の落下により，土壌養分量が増え焼き畑に適すようになる。しかし，これらは一時的な現象であり，乾燥や土壌の無機化，侵食による養分流出が指摘される。表3.2の時定数は森林の再生に要する最低限の年数とも考えることができる。これからわかるように，森林の再生には数十年を要する。伐採後の管理の重要性がここでも指摘される。

ティータイム

森林破壊と CO_2 排出の歴史

ヨーロッパは昔は緑の森林であったという。しかし，その多くが森林から農地・牧草地に転換されていった。地球環境問題の典型として CO_2 問題がある。図 **3.5** に示すように，SCOPE（科学者による解析）によれば，歴史的にはむしろ森林伐採あるいはその結果としての土壌からの CO_2 の放出が主因なのだそうである。もちろん最近だけに限れば CO_2 放出の主因は化石燃料であるが。

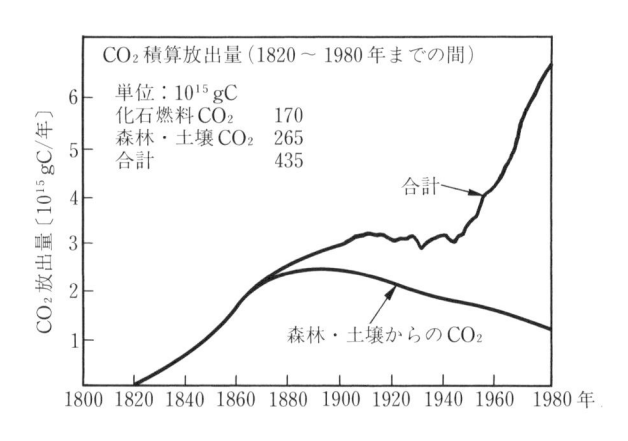

CO_2 積算放出量（1820～1980年までの間）
単位：10^{15} gC
化石燃料 CO_2　　170
森林・土壌 CO_2　265
合計　　　　　　　435

図 **3.5** CO_2 排出の歴史[17]

熱帯林を利用し，さらに破壊を防ぐには，再植林が必要である。本来は，途上国においても管理的森林経営を行い，その分の価格を上乗せすべきなのだろう。それでも，成長が速い熱帯では，十分北方林と競争できるはずである。もちろん先進国からの途上国への経済援助によりなされることも可能ではある。しかし，それだけでは片手落ちだろう。再生産が達成されていない森林からの木材の購入価格は，本来再生産，すなわち再植林のコストを含めたものであるべきであり，その差額分を輸入者から徴収すべきだろう。そしてその分を再植林に投資するべきだ。森林を切り開いて開始された換金作物の生産も同様に相当な高コストとなっていると考えるべきだろう。

3.8 森林伐採と塩害と農業

塩害の発生は，世界の至る所で見られる。エジプトのナイル流域，イラクのチグリスユーフラテス流域，パキスタンのインダス流域など数え上げればきりがない。専門的には塩類化といわれる。塩類化の発生には二つの因子が必要である。一つは塩それ自身の存在。通常は，土壌の奥深く存在する岩塩とそこから伝わって流れ出す塩分を含んだ地下水が原因となる。もう一つはその土壌表層への蓄積である。自然のままでも塩水が表層に導かれてたまり，塩湖が形成される場合が見られる。しかし，塩水の表層への移動は人為的な原因によってももたらされ，そのようなところでは元来の生態系の回復が難しくなる原因となる。注意すべきは，塩類化は水が媒介するものであるということである。完全に乾燥し水の移動がない地域や，あるいは含塩水が灌水される場合でも，たまに雨が降り，その水が下方にすみやかに運ばれるような透水性の高い土壌では，表層に塩がたまることはない。

塩集積は，乾燥地域あるいは半乾燥地域での灌漑(かんがい)農業で多く見られる。灌漑は，乾燥地では不可欠ではあるが，塩害防止には適切な灌漑が必要である。塩分を多く含む地下水を灌漑水として用いると，灌漑水の蒸発に伴い，その灌漑水中の塩分が土壌中に集積し塩類化をきたす。あるいは，灌漑水の利用自身が

含塩地下水位の上昇をももたらす。水源確保のためのダム建設が河川水の塩分濃度上昇を招き，土壌塩類化の原因となるケースも多く見られる。

　東アジア，特にタイなどでは，森林伐採後の塩類化が問題となっている。森林の場合，根が土壌の深いところまで至り，塩分を含む地下水あるいはそれが上昇する過程での水分を吸い上げ，地下水位の上昇を防ぐ。さらに森林生態系内では，土壌表面からの蒸発量が少なく，表面での塩類集積が起きにくい。ここで森林伐採が行われると，土壌表面まで地下水が上昇しやすくなり，また土壌表面での乾燥が進み，塩類が集積する。さらに灌漑農地へと転換されると，上記の理由によりさらに塩類化が進む。

　灌漑農業では，灌漑水の水質ばかりではなく，点滴灌漑などの灌漑水量の削減，マルチなどによる蒸発水量の削減，土壌からの適切な除塩，その後の排水管理が塩類化の防止に不可欠である。低含塩水による灌漑であっても，洗脱，排水がなされなければ，いずれ土壌は塩類化することは自明である。含塩地下水の上昇を防ぐため，アスファルト，ビニールシートあるいはポリアクリル酸などの高分子による遮水層の設置，さらには毛管力による地下水の上昇を絶つために密な土壌を破砕するなど，さまざまな試みがなされている。

　南タイでの土壌含塩化は沿岸における製塩プラントによる海水の吸い上げが原因といわれる。また，東北タイでは森林破壊のほか，人口・食糧問題に加え，地下の岩塩層の存在も原因となっており，人為的要因が地理的要因と複雑な構図を形成している。マングローブ植林と放牧の組み合わせ，有機物肥料・牛糞の堆肥と石灰の合成肥料の組み合わせ，耐塩性植物の利用や高密度な牧草の植栽による地表土壌の流失防止，水分保持などが試みられている。

3.9 砂漠と砂漠化

　砂漠の定義としてはつぎのようにさまざまなものが与えられている。狭義には乾燥気候条件下で，植物が連続的に地表を覆うことがないような土地であり，年間降水量が，50 mm 以下の場所と定義されている。砂漠に木や草が生えない理由は，もちろん，一般論でいえば，広域として雨が少ないからである。そして一方で蒸発量（もちろん広域で考えれば，降雨量以上の蒸発量はありえない。ここでいう蒸発量とは，可能蒸発量，すなわち，地表に水をためておいたらどれほど水が蒸発するかということである）が大きい地域である。図 3.6 に，世界の植生地図を示す。砂漠が，じつは最も暑いと思われる赤道上ではなく，その南北，すなわち北緯・南緯 20～30 度程度に位置していることがわかる。これは，赤道付近ではおもに上昇気流が生じ，大気の上昇に伴って大気が冷やされ，雨を降らす雲が生じやすい。一方，その上昇気流が再び下降流となる地域では，雨雲が発生しにくいからである。もちろん砂漠の成因はそればかりではなく，内陸では，湿った空気が内陸まで運ばれないために起こる内陸性砂漠や，海岸であっても冷たい水が深海から運ばれてくるために上昇流が生じず，雨が降らない海岸性の砂漠もある。

　同じ降雨量/蒸発量の地域でも，塩が蓄積する，岩盤であるため根が生えない，土壌中の栄養塩が少ない，水がすぐ流出してしまうなどの影響により植生が大きく異なる。また地下水，伏流水の動きによっても植生は大きく異なるが，概して降雨量の多い地域では，長い年月をかけさえすれば，徐々に土壌も改良されていく。地域全体で見れば，樹木からの蒸散と，土壌からの蒸発およびその地域での水の流入・流出により水バランスが決定される。しかし，問題は砂漠があることではない。昔から砂漠は世界の至る所に存在していたのである。

　問題は砂漠化である。熱帯林破壊と対をなす問題でもある。また，塩類化も広義の砂漠化と見なすことができる。近年砂漠化の進行は著しく，砂漠化の危険度のきわめて大きい地域は，全陸地の 2.5%，危険度の大きい地域が

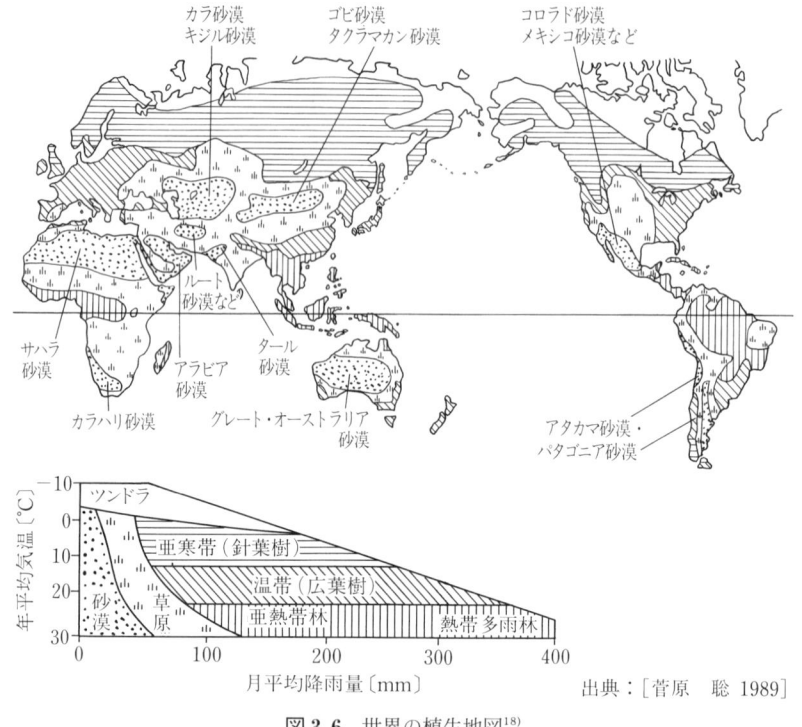

図 3.6 世界の植生地図[18]

13.5％，中程度 13％，計 29％ といわれている．全地球上での砂漠化速度は毎年，九州プラス四国の面積（600 万 ha）とされている．熱帯林破壊速度のほぼ 2 分の 1 程度だろうか．熱帯林から農地，荒れ地，草原そして砂漠へと考えられるため，その一部は二重にカウントしているともいえるが，大きな問題であることには間違いがない．砂漠化が危惧される地域では砂漠化防止対策を必要とするが，実際にはまったくといってよいほど対策はなされていない．日本でも砂漠化防止条約が，1998 年末に批准されたばかりである．

砂漠化の原因は，前述の森林破壊に伴う保水力減少，気候変動による気温上昇と降雨量の減少，乾燥化とこれに伴う流砂，集中豪雨による土壌流失，立ち枯れ，家畜による食害，大規模連作農業生産や，後述の人為的な不用意な灌漑などによる塩類化があげられる．近年では酸性雨に代表される，他の環境問題

3.9 砂漠と砂漠化

による影響も考えられる。このなかでも最も回復が難しいと思われるものは，その地域への降雨量の減少である。このような降雨量の変化は，もちろん人為的な原因ではなく，もっと大規模な地球上の循環の変化による場合もある。しかし，これも元を正せば人為的といえるであろう。自然の気候変動は，ほんのまれにしか起こらない大隕石の衝突や火山の大噴火といった，突発的なことを除けば，もっとゆっくりと進むものである。

このような，半乾燥地域での砂漠化の原因として，いま最も疑われていることは，若い木を燃料にしたり，あるいは木を切ったことで，蒸散が減り，そのことが雨を減らす原因となっているのではないかということである。

この10 000年に約20億haの森林が農地化などにより失われたとされている。産業革命以前から，というよりむしろ人類による自然環境破壊は，狩猟・採取から牧畜・農耕に転換したときから始まったともいえる。砂漠化についても，いまに始まったことではない。文明が栄え，森を切って農地に転換し，そして生産性が下がって砂漠化したといわれる。木は，煮炊き，煉瓦づくりや製鉄に用いられた。また，最近では，鉄道の枕木に用いるために木が伐採された例も多いという。

確かに，過去の文明が発達していた地域の多くは，砂漠化でその文明の末期を迎えている。エジプトしかり，中東しかり，中国しかりである。そしてその刈り取られた樹木は，いずれもおもにエネルギー源あるいはエネルギー利用に関係して用いられてきたのである。砂漠化もやはり，直接，間接によらず，エネルギーを使う人間の活動によると考えざるをえない。

アジア地域においても，砂漠化の進行は，中近東，インドなど，多くの地域で問題となっている。中国では西北地方と北部を中心に国土の11%にあたる110万平方kmの砂漠があり，その60%が砂砂漠，40%が砂礫砂漠である。砂砂漠のうち70%は流砂型であり，年間10〜15mの速度で移動し，農地，家屋を埋没させている。

3.10 砂漠化を防ぐには

　中国でも長年砂漠化に悩まされてきた。中国には砂漠に関連する研究所がいくつもあり，特に砂の制御に注目した研究がなされている。例えば，砂丘移動防止法として，麦わらを格子状に押し込む方法などが開発されている。黄河流域では，黄河の水を引き込み，土壌を改良し，農地に転換した成功例も報告されている。また，マルチと呼ばれる，砂利などで耕地を被覆し，蒸発を防ぐ方法もとられている。

　一般に固砂のための樹木はプロソピス属，アカシア属，チチフス属，下草としてはカリゴナム属，レプナデニア属，アトリプレックス属などであるが，被覆率は30％程度であり，それ以上は水不足を招く。また過放牧による草種の悪化と草資源の枯渇を防ぐため，草の再生産量以上に放牧しないことが必要である。また土壌水分を保持するため，保水材や，石油乳化剤などを大型のトラクターでスプレーするペテロマルチ法，水分移動を妨げる材料の土壌への導入も検討されている。

　降雨依存農業地域での植生悪化，砂漠化は雨量，傾斜度などの面から過酷な地域までも耕地を拡大すること，十分な休閑なしに継続すること，あるいは休閑時の畑への家畜の追込みによる採食，踏みつけが原因となる。風食，水食の防止と，合理的耕作が必要である。傾斜地における土壌侵食防止には，テラスの構築，植樹，傾斜地の緑化による水源涵養，雨水集水路や，ロックダムの設置が有効な場合も多い。

　すでに述べたように，樹木の減少が当該地域での蒸発量を減らし，その分が流出してしまい，当該地域での降水量の減少になっているとすれば，大規模な植林それ自身が降雨量の増大に寄与する可能性が高い。降水量の増大が植生を豊かにし，そして降雨量が増大する。いわば森林伐採から砂漠化への道を逆にたどることになる。

3.11 砂漠緑化と淡水化のエネルギー

最近，著者らが対象地として選び，現地研究者とも協力して植林を進めようとしている地域に西オーストラリアの降雨量が200 mm程度の地域がある。ここは砂漠といっても砂地ではなく，もっと細かくまた硬い土壌である。わずかな降雨ではあるが，その降雨を，土壌あるいは塩湖から無駄に蒸発させるのではなく，あるいは他の地域に流出させるのではなく，その地域で樹木から蒸散させることが必要なのである。そのためにはまず降った雨を流出させずに数日程度は保持させるバンクの構築，土壌中への浸透促進と水の保持が重要な因子となる。

しかし，そのようなきっかけをどこから与えるのか。すなわち，降雨だけでは不足する水をどこから手に入れるのか。通常，それは至難の業である。多量のエネルギーが必要となるからである。地下水であればまだ対応は可能であろ

--- ティータイム ---

水を得るためのエネルギー（高等学校で学ぶ物理＝熱の分野より）

水を吸い上げることができる深さは約10 mが最大である。10 mの水の高さはほぼ1気圧に相当するため，真空と大気圧との差以上の深さから吸い上げることはできない。もちろん圧力をかけて押し上げること，汲み上げることは，いくら深くとも可能である。10気圧をかければ，100 mの深さの水を押し上げることができる。1 kgの水を100 m汲み上げるのに必要なエネルギーはmgh，すなわち約1 kJである。

一方，1 kgの水を1℃暖めるのに必要なエネルギーは4.2 kJ（1 kcal），さらにこの水を蒸発させるのに必要なエネルギーはその560倍である。結局，水を暖め，蒸発させるには2.5 MJのエネルギーが必要となる。蒸発させた水蒸気が冷たい表面にあたれば，真水を得ることができる。

工業的には，容器の中の圧力を少しずつ変え，沸点を変えることにより，蒸発した水蒸気はつぎの容器内で凝縮し，その凝縮により発生した熱が再び蒸発に用いられる。図3.7に示すように，これを多重効用法という。通常10段くらいで運転されるため，先ほど計算した真水を得るためのエネルギーは，その10分の1すなわち250 kJ程度になるが，それでも蒸発法による真水の製造に

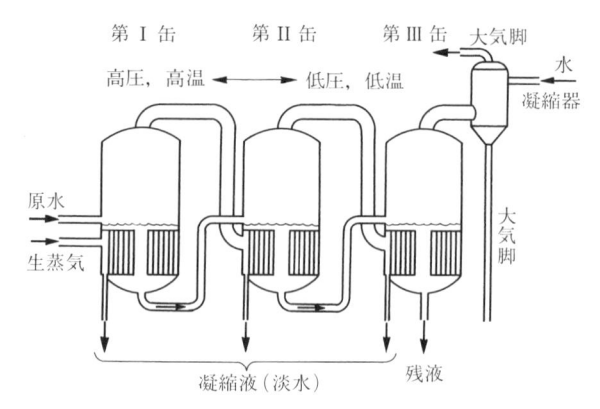

図 3.7 蒸発缶の多重効用法[19,20]

は多量のエネルギーが必要なことがわかる。

図 3.8に示すような，類似した仕組みを採用したものに多段フラッシュ法と呼ばれる方法がある。

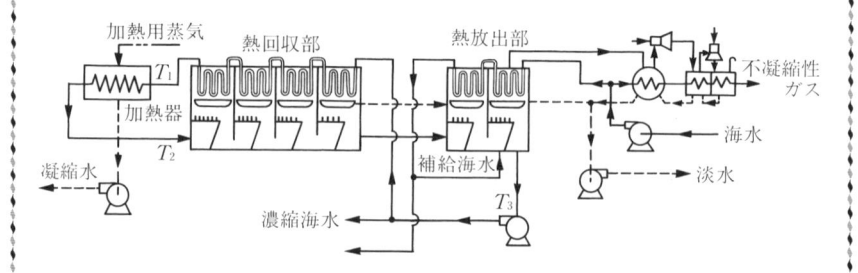

図 3.8 多段フラッシュ法の例（海水淡水化用）[19,20]

また，電気を使って圧力を上げ，半透膜のようなものを通して水だけを得る，逆浸透法と呼ばれる方法もある（**図 3.9**）。蒸発法よりずっと省エネルギー的ではあるが，それでも膨大なエネルギーが必要であることにはかわりがない。

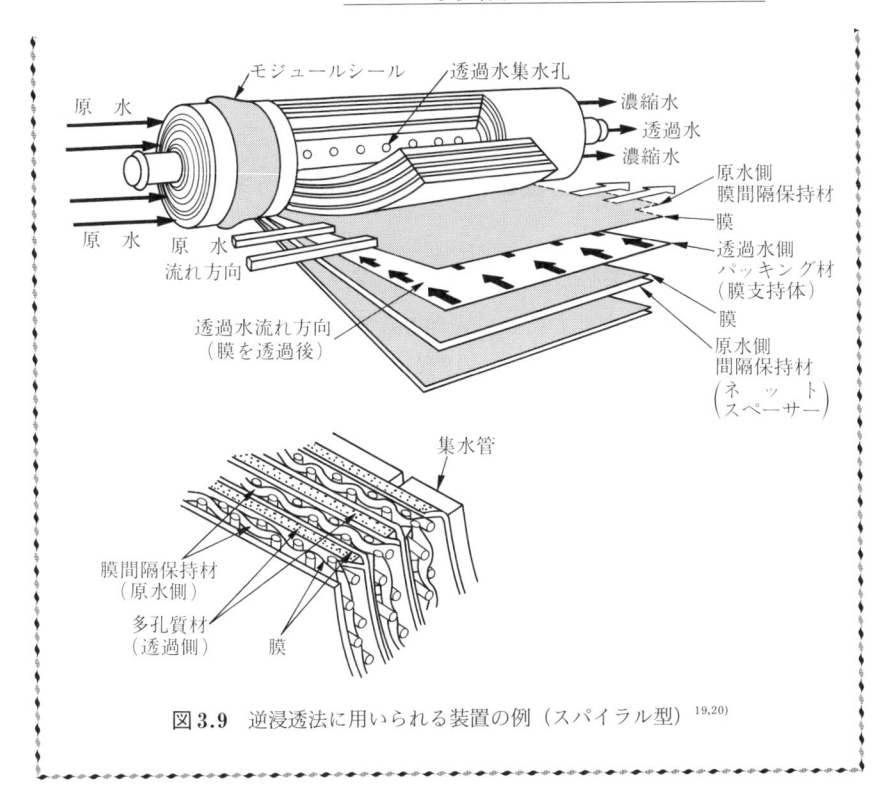

3.11 砂漠緑化と淡水化のエネルギー

図 3.9 逆浸透法に用いられる装置の例（スパイラル型）[19,20]

う．相当遠方から運ぶ，あるいは，海水などの塩水から植物の生育に必要な真水をつくることがまず頭に浮かぶ．実際，中東の産油国では，さまざまな淡水化技術を用いて海水から淡水を製造し，その水を使って緑化も行われている．

さて，植物にとって水はどれほど必要なのだろうか．水は植物にとって貴重ではあるが，その水は植物の体内を通りすぎ，栄養塩を運ぶために大部分が使われ，その水は蒸散する．通常，植物 1 kg（乾燥物として）がつくられるには，600 kg の水が用いられるという．このようにして得られた水を使って，木を育てたとして，その木を燃やすとどの程度のエネルギーが得られるのだろうか．1 kg の木を燃やして得られるエネルギーは数千 kcal．ここでは 25 MJ としておこう．一方，600 kg の水を蒸発法（多重効用缶）でつくるためのエネルギーは，150 MJ であり 6 倍のエネルギーが必要となってしまう．蒸発法

で水をつくり，それだけで木を植えても，エネルギー的には得にはならないのである。

3.12 植生回復のために，さてどうするか

　以上，陸上生態系を中心とするさまざまな植生破壊の現状を考えてきた。これらの問題の解決法は単純である。人類が人類の知恵を捨てればよいのである。しかし，さらに"悪い"ことには，人類は平和と民主平等主義という題目の下で，人類間の生存競争をも放棄してしまった。この結果，人口は増え続け，自然環境は修復のできないところまできてしまった。しかし，人類としては，もう後戻りはできない。もし，できるとするならば，自らの"繁栄"に歯止めをかけ，自然とのバランスをとるという"さらなる"知恵を身につけるしかないのだろう。

　前述のように，先進国では森林を農地に変え，そして化石燃料を湯水のように使って生活の"向上"を図っている。しかし，いま，地球環境が問題であるといって，あるいはエネルギー資源が枯渇しつつあるといって，開発途上国に開発をストップさせることは難しい。いま CO_2 が問題になっているからといって，無償で森林伐採をやめなさいとはいえない。とすれば，自然環境にも価値を見いだし，その保全をも含めた経済概念を創出するしかないのだろう。地球環境の将来に投資をし，そのことで知的満足を得る。そのような，全人類の合意と，知恵が必要である。まずは資源，特にエネルギーをどうするのか。そして，いままで急激に変えてきた，地球の環境，特に地球の緑をどうするかだろう。もし，人類が破壊のための知恵と同じくらいの修復の知恵を持たなければ，人類はゆっくりとした生態系の変化から"取り残され"，勝手に滅んでいくだけなのだろう。化石エネルギー資源にしても，人類以外の何者もそれを必要とはしていないのだから。

　近年の渇水を見ても，科学技術だけでは，自然の物質循環を制御することはまず不可能だということがわかる。人類は，そのような生態系に代わる人工的

環境をつくりあげることはできないが，しかし生態系の形成を手助けすることはできるはずである。生態系を破壊できたのだから，科学技術を用いれば，修復は可能なはずである。そのことを信じて，行うしかない。砂漠の近くに森林を形成すれば，そこの気温は周囲に比べて大きく低下し，さらに周辺に降雨をもたらす可能性もあるのである。

　自然は守るものとの考え方はある。しかし，多くの土地は，すでに人間の手が加えられてしまっている。ヨーロッパの森林も，日本の森林もその多くは人工林である。保護だけではなく利用という観点も必要である。そして，その価値がけっして一面的なものではないこと，一度破壊された後は修復は困難であることも認識する必要がある。と同時に，破壊された植生を回復するためにも，もっと人類の努力を傾けてもよいのではないだろうか。できるはずである。いや行わなければならない。

4 ゴミ問題・リサイクルとエネルギー

4.1 ゴミとは

　ゴミとは，人間活動から排出され，かつ人間活動のなかで用いることができないものの総称である。通常，産業廃棄物と一般廃棄物（都市ゴミ）とに分けられる。このような分け方になっているのは，そのゴミを集め，処理する団体が異なるからである。前者は認可された産廃業者，そして後者は自治体が集めることになっている。商店や一般のオフィスから排出されるゴミは事業者ゴミではあるが，自治体によって集められるため，一般廃棄物となる。東京23区に引き続き，武蔵野市でも事業者ゴミが有料化となったばかりである[†]。

　日本で，'96年に排出された産業廃棄物は4億tである。その内訳は，汚泥48％，家畜糞尿18％，建築廃棄物15％である。これだけで8割を占めることになる。産業廃棄物の問題は後で再び述べることとし，まずいま話題の都市ゴミに話を移そう。

　一般廃棄物の排出量は，同年で「たった」5000万tである。一人一日当りに直すと1.1kgとなる。都市部でのゴミ問題の最大の焦点は，ゴミの埋め立て地，「最終処分場」の問題である。東京多摩地区では日の出町が有名である。

[†] 著者は，武蔵野市に住み，武蔵野市「廃棄物に関する市民会議」委員を仰せつかっていた関係上，どうしても武蔵野市のデータに頼ることが多くなる。お許しいただければと思う。武蔵野市が吉祥寺という商業圏を抱えていること，そしてまだ住宅が多く存在することを考えれば，都市のゴミ政策の典型を生で感じていただけるものと思う。

現在直面している問題は，けっして資源やエネルギーの問題ではない。むしろ環境問題に端を発した，最終処分場の立地難にある。最終処分場については最終処分場からの汚染物質の漏出の問題が指摘されている。当然，最終処分場の設置にあたっては，ゴムシートなどにより漏洩を防ぐことになる。しかしそれでも漏洩が実際に生じているのではないかという疑いがもたれている。汚染物質としては，重金属やダイオキシン，PCBなどさまざまな物質が対象となる。漏出した汚染物質は，地下水に入り，一部は飲料水，そして土壌にも至る。土壌に至る経路はほかに大気経由もありえる。これらの結果，これらの施設の立

ティータイム

日本の物質収支（図4.1）

　日本の物質収支とは，どれほどの資源が日本で掘られ，輸入され，用いられ，リサイクルされ，製品となり，輸出され，そして最後に廃棄物となるかである。もちろん本文でも述べたように，その数字自身にはおおいなる疑問はある。しかし概略をつかむには参考になる数字である。そして一部は二酸化炭素や（以下，CO_2とする）水蒸気として「霧散」する。ところで，ウサギ小屋ニッポンのどこに毎年12.4億tもの蓄積がなされているというのだろうか？

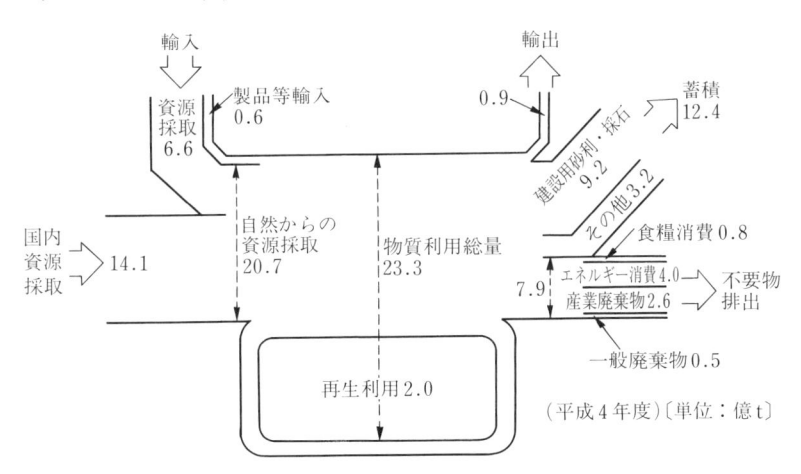

図4.1　日本の物質収支[21]（各種統計より環境庁試算）
（注）　各種統計の更新に伴い，平成5年度版環境白書に掲載したマテリアル・バランスから数値を更新している。

地がきわめて困難になりつつある。例えば東京都の場合，多摩地区は最終処分場を日の出町によっており，これからの十年程度の容量は確保されているが，新たな設置も難しく，さらに施設を延命させるため，持ち込みゴミ量が厳しく制限されている。これを超えると多大な違約金の支払いが必要となる。海浜部を有する自治体においても，干潟などでの生態系保全の必要性が昨今大きく叫ばれているため，安易に埋め立てを行うことはできなくなりつつある。

4.2 一般ゴミの最終処分量を減らすには

このような最終処分量を減らすための方策は三つである。ゴミの排出抑制，減容化，再利用である。再利用については後述するが，もちろん，ゴミの分別収集による有価物の回収は当然のことながら基本である。ゴミの排出抑制とは，要はゴミに出すな，自分でなんとかせよということである。例えば後述の生ゴミのコンポスト化。エネルギーをかけて生ゴミを分解し，土に返すことである。あるいは，落ち葉はゴミに出さずに燃やせばよい。ガラスの割れたものも，土に埋めればなんとかなる。しかし，庭がなければ土にも返せないし，そして野焼きもやりにくい時代になりつつある。焼き芋を落ち葉で焼く，そんな光景ももう見られなくなっている。それ以外に家庭でできることは，もちろんさまざまな状況でリサイクルに出すこと。しかし，究極の対策は，わが自宅の容量を考えれば，要はものを買わないことである。平成不況はゴミ問題にとっては大歓迎である。

　減容化とは，最終処分場に持ち込む「容積」を減らすことである。プラスチックなどをつぶして容積を減らす，あるいは発泡スチロールを溶かすなどの手もあるが，最も有効な方法は，燃やして灰にすることである。減容化を行う施設を総称して中間処理施設というが，まあ焼却場と同意と思っていてもかまわない。しかし，焼却場に関しては，これまでも塩化水素，窒素酸化物（以下，NO_xとする），硫黄酸化物（以下，SO_xとする），煤塵などさまざまな有害物質が規制の対象となってきた。これらは従来からの公害問題すなわち四日

ティータイム

武蔵野市の一般ゴミの中身と資源化，埋め立て率

　武蔵野市の平成8年度の場合について図4.2に数字をあげて示しておこう。ちなみに武蔵野市の場合，ある程度の分別収集が行われている。ここで，業者が回収する「廃棄物」は総ゴミ量には含まれないが，集団回収により資源化されるものは，総ゴミ量に含まれる。あとは収集によるものであり，可燃，不燃，粗大，有価物に分けて収集される。とはいえ，その分別が，徹底しているとはいいにくい。ゴミ総量の40％を占める紙については，その4分の1が資源化される。集団回収によるものはその半分である。残りは焼却され，1割弱の焼却残さ（燃え残ったもの）は埋め立てとなる。生ゴミ，布類，草木で37％となるが，これらの資源化量は少なく，大部分が焼却されて同様に1割弱が埋め立てられる。武蔵野市の場合にはプラスチックは本来不燃（燃えないものではなく，燃やさないもの*!!*）と指定されている。これは，昭和59年設置の炉（ストーカー式，65 t/d×3機，24時間稼働)が，プラスチックを燃焼させ

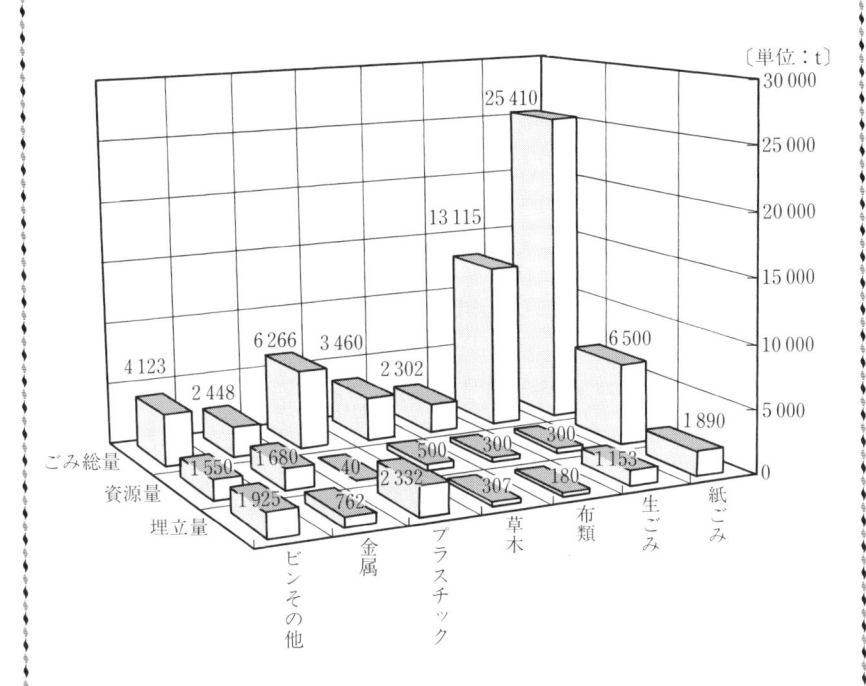

図4.2　武蔵野市から排出される総ゴミ量と資源化および埋め立て量
　　　（平成8年度1年間の数字）

> た際の高温に十分耐えられないこと，そして塩素やダイオキシンの発生源となる物質を極力燃やしたくないからである．しかし，総ゴミの13%を占めるプラスチックは可燃と不燃とにほぼ半々で出される．そして可燃はほぼ焼却され，不燃の大部分は埋め立てになる．資源化はほとんどされていない．残りの10%は燃えない金属とその他．金属は7割が，そのほかのうちビン類などの4割は資源化され，残りの大部分が埋め立てられる．

市ぜん息などの原因物質である．これらの物質はまだいい．公害問題の教訓が生きており対策が練られているからである．しかし，さらにこの数年，大きく問題視されるようになった事件がある．ダイオキシンである．発ガン性は以前から指摘されていたが，追い打ちをかけるように環境ホルモンとしての作用の指摘．環境ホルモンは，ほんの微量でも生殖機能などに影響を及ぼす．'98年には新たな厳しいダイオキシン規制が始まったが，しかしそれでもまだ欧米より甘い規制という．従来の中間処理施設付近からは，土壌から相当高濃度のダイオキシンが検出された例もある．現在，その対策なしには，新設はもちろん，運転すら危うい状況となりつつある．

4.3　ゴミはなぜ出るのか

　ゴミがなぜ生まれるのか．第一はその使用者が，その製品に満足を覚えないようになってしまったからである．要は機能や外観が失われた，あるいはニーズに合わなくなったからであり，またその製品がそのままで市場価値をもたなくなったからである．しかし，使用者がそう判断しても，技術をもつ人が手を入れたなら，機能が復活し，市場価値を有するものに転換できる場合も多くある．そのような，最も基本的な，修理して使うという話は，ここでは当然のこととして詳しくは述べないことにする．
　ただし，そもそも，リサイクルしやすい製品，すなわち修理が容易で，場合によっては，ちょっとした投資でバージョンアップが可能な商品をつくってい

くという考え方が，今後ますます重要となることも間違いがない。

　第二は腐った，賞味期限が切れた，食べ残したなどの場合で，卵の殻や魚の骨は，まあ家庭からは捨てるしかない。生ゴミの話はまた後にする。あるいは切れた電球，割れたコップ，読み終えた新聞など。第三はじつはゴミの非常に多くを占める，包装物や容器である。紙やプラスチック，そしてガラスビンやペットボトル。これだけでゴミの半分以上を占めるとされている。

　これらがゴミとして排出されたときの特徴はいろいろなものが混ざっていること。そしてもう，そのままでは資源としての価値はなく，捨てるしかない。しかし，地球に存在する価値が高い資源の量には限りがある。そしてその資源を，何世代にもわたり，少しずつ大事に使っていく，そして技術力の進歩とともに，使える資源量もまた少しずつ増えていく。そんな将来を描くとすれば，じつはゴミも資源としての役割を有するはずなのである。鉄くずは，ゴミとして放置されればいずれ酸化し，拡散し，本当に価値がないものになってしまう。しかし，いくら市況が安くても，いまなら資源としての価値は十分ある。そして，輸送まで考えたとしても，鉄に戻すための必要なエネルギーは，鉄鉱石から鉄をつくるのに比べれば十分少ない。

4.4　容器包装リサイクル法とドイツ

　1995年6月，日本に容器包装リサイクル法が制定された。施行は1997年4月であり，まずガラスビンとペットボトルが対象とされた。消費者には分別排出，市町村には分別収集，そしてメーカーには再商品化が義務づけられた。2000年にはさらに紙，そしてペットボトル以外のプラスチックも対象となった。さて，このシステム，完全に動くのであろうか。

　比較の対象となるのはドイツ†。さて日本との大きな違いの第一は産業廃棄物と一般廃棄物の敷居がないこと。どこで処理するかは処理すべきものによる。

---

† フランスでも類似のエコ・アンバラージュのシステムがあるが，著者は最近ドイツの調査に加わったことがあるので，そちらを中心として述べてみる。

第二の違いは，家庭から出るゴミも有料であること。といってもいま日本で事業者を対象に行われているゴミ袋あるいはそれに貼り付けるシールの有料化とは異なり，ゴミ収集容器の大きさにより課金されるシステムである。自治体が集めるゴミは，すでに十年以上も前から有料化されていたのである。

第三の違いは，メーカーあるいは輸入業者が，再商品化だけではなく，回収の義務も負っていること。しかしもちろん各メーカーごとにそれぞれの容器包装物をすべて回収するのは不可能である。そこで，ドイツではつぎのシステムが構築されている。

自治体（といってももともと第三セクター的な業態をとっているが）とは別の，包装材，容器を集める事業体の設立である。DSD (Duales System Deutscheland) という。二つのシステムという意味である。自治体とは別の回収ルートであることを意味する。DSD は，ドイツ全国をネットし，「無料の」包装材，容器の分別回収場所を設置し，回収し，さらにそれを細かく分別する作業所を有する。DSD はこれらのリサイクルを業者に処理費を支払って委託する。処理費は入札により決められる。さて，これらの出費はどこから得るか？

DSD は「緑のマーク」（図 4.3）をメーカーに販売するのである。そしてメーカーは，自らの義務をはたした印として，この「緑のマーク」を商品の包装材や容器につけるのである。もちろんメーカーは DSD から「緑のマーク」を購入する義務はない。しかしある定められた割合まで回収再利用していることの証明をする義務がある。デポジット制（容器が商店に返却された段階で，

図 4.3 DSD の「緑のマーク」

4.4 容器包装リサイクル法とドイツ

容器代を返してもらうシステム。日本でいえばビールビンなど）を採用して，回収率を達成しているメーカーもあるが，大部分はDSDから「緑のマーク」を購入している。

　このシステムは，皆が得をしようと思うと，ゴミが減り，リサイクルが進むことに特徴がある。消費者は緑のマークがついた商品の包装材，容器は，DSDの回収場所に持って行きさえすれば，処理費を払うことなくただで捨てられる。企業は，「緑のマーク」を安く上げるために，包装材，容器を簡略化し，あるいはその素材もリサイクルしやすいものに変えていく。そして消費者は，包装が簡単な商品のほうが，安く購入できるのである。

　問題がないわけではない。特にプラスチックの処理には頭を悩ませている。塩ビの製造が抑制されているため，日本に比べて塩ビの含有量が少なく，再資源化は確かにやりやすい。しかしそれでも経費は高くつく。

　当初，リサイクルには，エネルギーとしての利用は含まれておらず，そのため再び油に戻す，あるいは高炉に吹き込むなどの方法がとられてきた。しかし，最近ではある程度の効率が達成できれば，エネルギーとしての回収もリサイクルとして認めようとの方向になりつつある。著者は後述のように，そうあるべきであると考えている。しかし，その前にこのようなシステムをまずつくりあげたことに，敬意を表したい。

ティータイム

各素材の再資源化処理費と「緑のマーク」の値段

　まず，武蔵野市での再資源化処理費を**表4.1**に示す。有害ゴミの処理費が高いのはやむをえまい。例えば水銀を含んだ蛍光灯や乾電池は北海道まで運ばれ，処理がなされる。なお，日本では乾電池水銀ゼロは原則達成されているが，輸入品や特殊電池もあり，有害物として処理される。ついでコストが高いのは，プラスチックである。ペットボトルやトレイなどしか回収・再資源化していないのにである。

　ついでドイツでの「緑のマーク」（図4.3）の値段を**図4.4**に示す。やはりプラスチックに高い料金をかけていることがわかる。そして武蔵野市の処理費用とほぼ同程度の価格設定となっている。

4. ゴミ問題・リサイクルとエネルギー

表 4.1 武蔵野市における再資源化に要する処理費(1996年度)

資源物	収 集	集団回収	合 計	金 額〔万円〕	kg処理単価〔円〕
紙	3 400	3 100	6 500	10 720	16
缶	750	100	850	10 000	118
金属	830	0	830	3 320	40
ビン	1 500	0	1 500	4 000	27
古布	200	100	300	500	17
有害	50		50	4 500	900
粗大再生	500		500	1 200	24
ペットトレイ	40		40	1 400	350
生ごみ	300		300	3 000	100
合計	7 570	3 300	10 870	38 640	36
ごみ全体(参考)			40 000		(60)

＊処理単価は収集量や収集方法などで異なる。

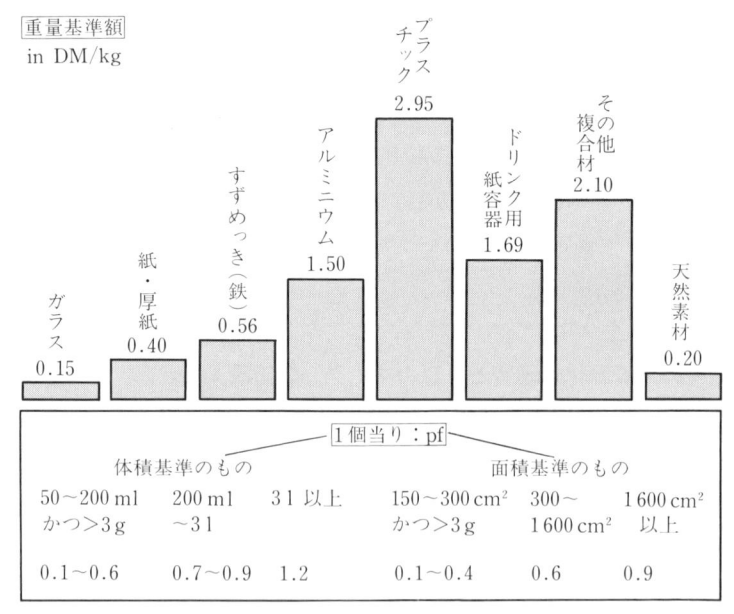

重量基準額 in DM/kg

- ガラス 0.15
- 紙・厚紙 0.40
- すずめっき(鉄) 0.56
- アルミニウム 1.50
- プラスチック 2.95
- ドリンク紙容器用 1.69
- その他複合材 2.10
- 天然素材 0.20

1個当り：pf					
体積基準のもの			面積基準のもの		
50〜200 ml かつ>3 g	200 ml 〜3 l	3 l 以上	150〜300 cm² かつ>3 g	300〜1600 cm²	1600 cm² 以上
0.1〜0.6	0.7〜0.9	1.2	0.1〜0.4	0.6	0.9

図 4.4 1995年現在の「緑のマーク」の値段
(1 DM＝ドイツマルクは数十円，1 PF＝ペニヒはその1/100)。重量による値段と1個当りの値段の合計となる。[DSD社資料より]

4.5 リサイクルと資源とエネルギー

　ゴミを再び用いることを総称してリサイクルという。ここではもう一度リサイクルとは，と考えてみたい。もちろんリサイクルすべきもの，しやすいものはリサイクルすべきである。しかし，エネルギーを大量にかけてまでリサイクル・ゼロエミッション化すべきかとなると，いろいろ疑問は生じてくる。

　熱力学の教科書にもあるように，エネルギーはけっしてなくならない。これは熱力学第一法則と呼ばれている。だからエネルギーは「簡単に」リサイクルできると考えるのは大きな誤りである。使うに従ってエネルギーの質はどんどん悪くなる。すなわち有効に使える（仕事として取り出すことができる）エネルギーは，どんどん減っていく。エントロピーの増大といってもよい。これは熱力学第二法則と呼ばれている。例えば，ガスを使ってやかんで湯を沸かす。ガスの炎の温度は，燃やし方によっては2 000℃程度にはなる。この一部は周りに逃げるが，残りは湯になる。その温度は環境温度より数十度高い。そしてそのやかんの湯も，放っておけば環境温度とほぼ同じ温度となる。そのように,環境の温度付近になった熱は,同じ熱量でも再び湯を沸かすためには使えない。熱が環境の中に拡散していく過程こそ，その有効性が失われる過程である。

　ゴミも同じである。砂糖と塩とがもし別のビンに入っていれば，それは使い道がある。その二つが混ざってしまえば，その使い道は限られてくる。そう容易ではない。これも拡散の過程であり，上記の熱の場合と同じことである。そして混ざってしまったものから純粋なものを取り出すためには技術とそしてエネルギーが必要である。

　半導体材料であるシリコン（Si）は，珪石（けい）という資源からつくられる。珪石の主成分はシリカ（SiO_2）というシリコンが酸化した物質である。アルミニウム（Al）はボーキサイトからつくられる。ボーキサイトの主成分は，アルミナ（Al_2O_3）というアルミニウムが酸化した物質である。アルミナもシリカもそこら中にある。土はほとんどがシリカとアルミナである。ボーキサイトや

珪石が資源として価値が認められるのは，それらの中にアルミナやシリカが高濃度で含まれているからである。そして製品であるアルミニウムやシリコンが，さらにこれらの資源より価値が高いのは，エネルギーをかける，すなわち有効エネルギーが与えられないと金属の形にならないからである。

アルミニウムやシリコンが価値が高いのは，いわばその中に有効なエネルギーが封じ込められているからである。そしてさらにシリコン自身も，その純度が高くなるとますますその価値が高まっていく。半導体用に用いられるシリコンの場合はその純度はイレブン・ナイン，すなわち99.999999999%の純度を有し，そしてその価格は95%程度の純度のシリコンのそれより3桁も4桁も高いのである。

もちろんそれ自身が，価値を有するものもある。例えば金。しかし，これも地球上での存在量が少なく，集めてくるのに大変な「エネルギー」が必要であるからともいえよう。わずかではあるが，海水中にも金は溶けている。しかし，これを集めてくるには，今度は本当にエネルギーが必要となる。

4.6 なにをどこまでリサイクルすべきか

リサイクルと一口にいってもいろいろなレベルがある。ガラスビンなどをそのまま用いる場合（リユース）。つぎにガラスをカレット（ガラスの破砕品）として戻しガラスとして，あるいはペット（PET）原料をペットボトルとしてリサイクルする場合（マテリアルリサイクル）。混合プラスチックのように，同じものにはならないけれど，プラスチックをつくるときの原料に戻す場合（ケミカルリサイクル）。これらはいずれも元に戻すという意味でリサイクルだろう。どのような場合にリサイクルすべきか。上記のいずれについても，考え方は同じである。元の製品に戻るのだからそれを新しい資源からつくる場合と比較すればよい。

第一にリサイクルすべきものは，集め，元の製品に戻したときに，その製品を一からつくるより，エネルギーがかからないもの。これはなにをさておき，

リサイクルするべきである。

　第二のケースは，製品には戻せるものの，その製品を一からつくるよりエネルギーがかかる場合である。このような場合には少し慎重に評価すべきである。資源の使用量は確かにリサイクルにより減ることは間違いない。しかし，一方でエネルギー資源の使用量は増大する。どちらを大事にするかである。その評価法については，まだまだ合意がとれているとはいえない。なんとなく資源のリサイクルのほうが大事だと思ってやっているだけかもしれないのである。

　金属については，分離に相当多量のエネルギーがかかる場合を除き，一般的にはリサイクルしたほうがよさそうである。なぜなら一般に金属の精錬には多量のエネルギーが必要であるからである。しかし，金属の場合にも，ゴミからつくられた製品が，新たな資源からつくった製品より劣る場合がある。他のものについても同様である。用途によっては必ずしもそれだけの機能が必要とされない場合もあり，それならば多少の製品性状の劣化はよしとすべきだろう。しかし，それが問題となるのであれば，やはりその分は現状では一部はリサイクルを断念せねばなるまい。例えば古紙。古紙を完全にリサイクルし，古紙だけですべての紙をつくることは，その繊維の劣化を考えると非現実的だろう。一部はゴミとせざるをえまい。

　第三のケースは，これはなかなか家庭では難しいが，リサイクルではなく，再資源化をする場合である。すなわち，ゴミをそのおおもとの製品に戻すのではなく，他のものに転用する場合であり，これはリサイクルとはいえないだろう。例えばゴミ焼却灰や鉄鋼スラグを路盤材として用いたり，セメント原料にしたり，あるいは園芸用の人工肥料にする場合である。最近は都市ゴミ焼却灰を溶融処理する技術が多数開発されている。後述のように溶融固化により，有害物質の溶出がなくなり，そして路盤材への利用が可能となるからである。

　ここでも問題となるのはそのエネルギーである。鉄鋼スラグのようにもともと高温のプロセス内で溶かされたものをセメント材料に転用する場合には，生石灰分が多く含まれており，これがセメント焼成時の必要石灰石量ばかりではなく必要エネルギー量削減にも寄与するし，後述のように（以下，CO_2とす

る）排出量も減少する。

　しかし，都市ゴミ焼却灰の場合には，これをわざわざ溶融するには高温，すなわち多量のエネルギーが必要である。確かに本来必要であったものを再資源化品で置き換えられるのであれば，その分の資源量は節約できる。もちろん最終処分量も減らせる。しかし，転用の際にエネルギー資源まで節約できるかどうかは，問題が大きい場合が多い。そればかりではなく，代替できる資源がそれほど貴重な資源ではない場合とか，あるいはむりやりに新しい需要をつくりだしている場合とかもみられる。廃プラスチックを固めて公園に置き石のように置くとすれば，確かにゴミの総量は減るだろうが，いずれまたゴミとして戻ってくるだろう。それよりなにより，せっかくの貴重なエネルギーのかたまりである廃プラスチックを有効に使わないのはなんとももったいない。そのうえ大量のエネルギーをかけて成形するのではさらに問題が大きい。確かに，需要が十分あるのであればその用途に転用することは望ましいが，ゴミ問題が大変だからといってむりやり用途をつくり，それを役所で使うというのでは，資源の目からみてけっして望ましいとはいえない。

　第四は，これもリサイクルという言葉の意味から考えると，少し変であるが，通常サーマルリサイクルと呼ばれる方法がある。ゴミを燃やし，これを熱として回収して用いるという方法である。なぜ変かといえば第三のケースと同様，転用だからである。そして通常，リユース，マテリアルリサイクル，ケミカルリサイクルばかりか，再資源化（以上の物としての「リサイクル」を総称して，広義のマテリアルリサイクルと呼ぶことがある）よりも価値が低い方法であると認識されている。

　しかし，これをエネルギーリサイクルという言葉でいうなら，立派なリサイクルともいえる。それは転用であっても，工業生産や家庭の中でエネルギーは必須であり，エネルギーも社会全体の中では立派な原料の一つである。また，当然エネルギー資源使用量の削減にもつながる。

　ただし，すでに述べたように，エネルギーの質の問題がある。どの程度の質のエネルギーとして回収できるかという問題である。低熱源をつくるだけであ

れば，このような質の悪いエネルギー源の用途は大きく制限され，需要が本当にあるかという問題が生じる．同じゴミ焼却炉におけるエネルギーリサイクルでも，これから発電をし，電気を生み出す場合と，熱源として用い，温水プールに用いるのでは，価値が違う．要はそれがどれほどの価値と必要性をもったエネルギーであるのかという点が重要である．いまは，石炭，石油，天然ガスを燃やして，あるいは原子力発電所でウランを核反応させ，発電をしているのであり，発電すればその分は確かに資源使用量は削減される．いままで重油で熱を供給していた温水プールを，ゴミ焼却場からの熱でまかなうようにするなら削減になるが，焼却場からの低熱を有効利用するために温水プールをつくったのでは，本末転倒のように思われる．こういった問題はあるが，ともかくエネルギー回収をすることによりどれだけの石炭，石油が節約できたかと考えれば，必ずしもエネルギーリサイクルは広義のマテリアルリサイクルに比べ，単純に価値が低いとはいいきれないことは理解していただけるだろう．要は，節約できた資源の価値と量によるのである．

このような背景を考えると，通常広義のマテリアルリサイクルの一つと考えられている，プラスチックの高炉でのコークスに代わる還元剤としての利用は，実質的にはエネルギーリサイクルとして考えるべきである．コークスは石炭からつくられているし，また現在は高炉に代わる，コークスに代えて石炭を直接使うことができる製鉄法も提案されているからである．これもどれだけ，エネルギー資源である石炭資源の消費量を削減できるかという点から評価できる．プラスチックの油化も同様であり，エネルギー資源としての石油をどれほど節約できるかという評価がなされるべきである．ちなみに，石油のうち，プラスチックなどの石油化学原料として用いられる割合は，ガソリン，重油などと比較してわずかである．なお，当然 RDF（固化燃料）への転換も，エネルギーリサイクルの一つと考えるべきである．なお，これらのエネルギー原料，すなわち燃料への転換を，フューエルリサイクルということもある．

なお，すべてのケースにもいえることであるが，じつはよけいにかかるものはエネルギーだけではない可能性もある．リサイクルのために動かす車をつく

ティータイム

アメリカとゴミ発電（表4.2）

　もう一つの国外の例をみてみよう。アメリカである。この国のゴミ発生量は2億t以上となっており、一人当りで日本の一般ゴミ排出量の2倍となるが、産業廃棄物をも一部含んでおり、この数字自身を直接日本の数字と比較することは無意味だろう。有害廃棄物と非有害廃棄物との区別があるだけで、産業廃棄物と一般廃棄物との区別はなく、都市ゴミと併せて産業廃棄物も処理が可能だからである。この国のもう一つの特徴は生ゴミの含有量が少ないこと。これはディスポーザーの普及により、下水処理されるからである。これらが原因で、発熱量は日本の平均が2 000 kcal/kg 程度に比べ、場所によっては3 000 kcal/kg にもなるという。

　これはドイツもほぼ同じであるが、これらのゴミのうち、リサイクル(25%)を除く大部分は埋め立て(60%)される。焼却率はたった15%である。日本の焼却率75%と比べて極端に小さい。

　しかし、そのアメリカの優れた特徴は、焼却施設の規模が大きく、大部分で発電がなされており（日本では42%)、そしてその発電効率が高い（日本で7%程度に対し、20%を超える）ことである。ちなみに、日本での化石燃料からの発電効率は40%弱であり、さすがにこの値よりは低いが、それでも高効率に発電されているといえよう。大規模に効率よく発電できる理由は、上記のように発熱量が高く、産業廃棄物と併せてさらに広域での収集処理が可能なため規模が大きくできることである。しかし問題は、それでも埋め立てのほうがコストが安いことである。

表 4.2　アメリカと日本のゴミ事情/ゴミ発電事情の違い[22]

項目　　　　　国	① 廃棄物総発生量〔万t/年〕	② 焼却量〔万t/年〕（対総発生量割合%）	③ 発電に供される量〔万t/年〕（対焼却量割合%）	④ 発電つき焼却施設数	⑤ 発電出力〔万kW〕	⑥ 一施設当り平均処理量[*3]〔t/d〕	⑦ 一施設当り発電出力[*4]〔MW〕	⑧ 平均効率[*5]〔%〕
日本 (1995ベース)	5 100	3 800 (74.5%)	1 630 (仮定40%)	149	56	400	3.8	9.7
アメリカ (1995ベース)	18 900[*1]	2 880 (15%)	2 680 (93%)[*2]	114	265	860	23	22.3

*1. アメリカトンはすべて（メートル）tに換算(t=0.9×USt)
*2. IWSA('96)レポートより逆算
*3. 平均処理量＝③×10 000/④×365×0.75（注、プラント利用率0.75と仮定）
*4. 平均出力＝⑤×10 000/④×1 000
*5. 平均効率は発電出力より逆算
　　平均効率＝⑤×8 760×0.75×860×100/(③×LHV×1 000)
　　ここで、プラント利用率0.75、
　　　　ごみ発熱量(LHV)＝2 000 kcal/kg（日本の場合）
　　　　ごみ発熱量(LHV)＝2 500 kcal/kg（アメリカの場合）と仮定

るときにはエネルギーばかりではなく資源をも使う。牛乳パックを大量の水で洗うなら，この水をつくるにもエネルギーが必要であるが，状況によっては水資源の問題ともなる。これらの状況をすべて組み込んだ評価が必要である。

4.7 ゴミと環境問題と自区内処理の問題

焼却施設から排出される有害物質。まず頭に浮かぶのはダイオキシン。ダイオキシン類とは，ポリ塩化ジベンゾ-パラ-ジオキシン（PCDD）とポリ塩化ジベンゾフラン（PCDF）の総称である。図4.5に示すように，1〜4，6〜9までのどの位置に，いくつ塩素がつくかにより200種類以上の化合物がある。ポリクロロビフェニルの仲間であるコプラナPCBをダイオキシン類に含めることもある。このうち最も毒性が強いものは2，3，7，8四塩化ジベンゾ-パラ-ジオキシン（TCDD）である。通常さまざまなダイオキシン類が共存するため，その合計の毒性の強さを，同じ程度の毒性を与える2，3，7，8 TCDDの量に換算して示す（以下，TEQとする）。標準状態（0℃1気圧）換算で，1 m³当り80 ngTEQ(nは10の−9乗)を超える焼却炉には緊急な対策が必要とされ，また恒久対策値としては0.1 ngTEQが採用されている。

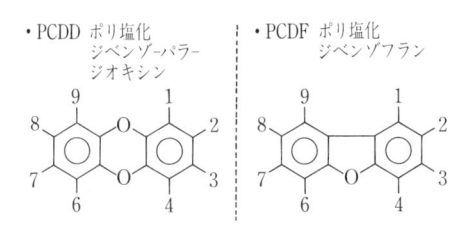

図4.5 ダイオキシンの構造式

本来，ダイオキシンの生成は燃焼条件の改善により解決できるはずである。ダイオキシンは重金属と異なり，そのようなものが初めから入っていたわけではない。燃焼過程において有機物と塩素から形成される。ちょうどNO_xと同じように。塩素源としては，塩化ビニルなどの塩素を含むプラスチックが疑われている。さらに食品などに含まれる，食塩も原因となるのではないかといわ

れている。さらに食品などに含まれる，食塩も原因となるのではないかといわれている。しかし，燃焼過程で生成するものであるため燃焼条件さえ整えていれば，ほとんど生成せずに燃焼させることができる。そのための条件は，不完全燃焼させないこと，高温で燃やすこと，そして高温排ガスを急激に冷却することである。

煙道ガスが冷却される過程でもダイオキシンは生成する。冷却過程で，粒子とガスが共存すると，ダイオキシンの生成が加速され，生成したダイオキシンは粒子に付着する。400℃程度の温度で煤塵を効率よく捕集できる電気集塵機はゴミ処理には適さずさらに低温での捕集に適するバグフィルターに置き換えられた。このような措置により，たいがい規制を満足することは可能である。

しかし，本質的な対策である高温での燃焼については，小型炉での実現は難しい。大型化に加えて24時間連続操業が必要となる。高温炉を有する大都市の一部ではプラスチックを燃えるゴミとしているのに対し，多くの小都市ではプラスチックは燃えないゴミ，そしてそれはそのまま最終処分場に投棄せざるをえないのは，もちろんダイオキシンの問題もあるが，小型炉でプラスチックを燃焼すると，燃焼温度が高温になりすぎ，炉を傷めるからである。

上記の状況を考えると，高温大型炉の設置を広域で行うことが必要となる。しかし問題は，元来，ゴミは市町村単位の自区内処理（焼却）を原則としてきた点である。隣接自治体とのチームプレーが非常に難しくなっているのである。

原子力発電所でも同様であるが，not in my back yard,「いいわ，でも私の裏庭にはいや」。総論賛成，各論反対と，もちろん意味は異なるが，同様の考え方である。原子力発電所はまだ他の選択の余地はあるかもしれない。しかし，ゴミ問題には他の選択はないように思われる。そしてこれには住民投票は似合わない。片方でゴミ処理場を建設するなら，隣接市にはリサイクルセンターを，というように，お互い協力しあい，その結果総合的に最も環境影響が少ない形をとることが必要だろう。

焼却に伴うもう一つの問題は灰中に含まれる重金属の問題である。これらに対する対策として現在最も注目されているのは，灰の溶融固化である。しか

し，すでに述べたように大量のエネルギーが必要である。さらに問題はないわけではない。確かに溶融した灰は安定であるといわれており，これからの溶出性は小さい。しかし，灰が溶融する1500℃程度では，相当の量の重金属が揮発する。これは，微細な飛灰表面上に濃縮されるため今度は飛灰の処理が必要となる。

現在での埋め立て基準，環境基準ではある粒度まで細かくして溶出性を測定することが要求されている。しかし，セメント状に固化するなら，大きい固体の中の拡散は相当遅くなるはずである。本当に現在とられている溶出性測定法が望ましいものであるか，考え直すことも必要だろう。

4.8 さてゴミはどうすべきか

もう一度ゴミ問題を整理しよう。市民にとってゴミは厄介者。これを放置されては，衛生上の問題すら生じる。自治体の立場としては，もちろん収集費用の問題もある。しかし，サービス低下により，ゴミを減らそうなどというのは論外（と思っていたがどうもそのような動きが各所で起こっている。もちろん，全収集日数を減らすのではなく，資源ゴミの収集日を増やし，可燃ゴミ収集日を減らすのである。しかし，最も腐敗しやすい生ゴミは，可燃ゴミに分類される。これを分別・再資源化できるようになったら，可燃ゴミ収集日を減らすのもいいかもしれないが，いまのままではどうも，と思ってしまう）。どうやったらゴミ自身の排出が減らせるか。この問題は，最後にもう一度整理しよう。

ゴミ問題とは，第一に埋め立て地。これは埋め立て地からの環境汚染物質の溶出という意味では，明らかに環境問題である。そして埋め立て量を減らすための中間処理施設，すなわち焼却施設からの汚染物質の排出である。この両者の狭間にあって最後に残された手段が資源化である。しかし資源化施設にも環境問題がつきまとう可能性が大きい。資源化リサイクルもじつは環境問題のなれの果てである。

本来資源化，リサイクルの最終目標は，エネルギーを含めた資源の使用量の

削減であったことを念頭に置いておくべきである。ゴミの最終処分量を減らせるからといって、なんでもかんでも、エネルギーを大量にかけてまでリサイクルすることは、この目的からすれば本末転倒といわざるをえない。

それではそれぞれは、どのように処理されるべきなのか。ガラス、金属などのリサイクルの重要性はすでに述べた。できるだけリサイクルすべきだろう。そしてコストに見合わないものは、多分どこか場所を決めてとっておくべきだろう。

つぎは紙類である。もちろんリサイクルに回したほうがよいし、実際多くの紙が回収され、古紙として再利用されている。しかし、問題はどこまでなすべきかである。だんだん繊維質がくずれ、リサイクルしてもその品質が保てなくなる。そもそも紙は木からつくられることを考えれば、再生可能なはずである。熱帯林をはじめとする森林の保全、再植林に手を尽くすとともに、最後は貴重なバイオマスエネルギーとして焼却し、高効率でエネルギー回収すべきである。

つぎは生ゴミである。先ほどサーマルリサイクルの話をした。特に発電を行う場合には、炉の温度は高いほうがよい。プラスチックは燃焼温度を上げるといったが、生ゴミ、特に水分を多く含むゴミは、燃焼温度を下げる。それは、生ゴミ中に含まれる水を蒸発させるのに、大量のエネルギーが必要だからである。生ゴミが入っていると、水を蒸発させるために相応のエネルギーが無駄になる。さらには、先ほどのように、ダイオキシン発生の原因物質の一つとして食塩が疑われている。以上のことから考えると、どうもこれらを燃やすことにはあまりメリットはなさそうである。これこそ分別を徹底させ、コストがかかろうと、再資源化すべきである。これらは農地で太陽エネルギーからつくられた、自然のエネルギーを大量に含む。しかし、水を多く含む。そこで、生物的エネルギー化、例えばメタン発酵が最適な方法ではないかと思われる。もう一つ重要なことは、これに含まれる栄養元素。残査は肥料とすべきである。もちろん需要に応じて直接コンポスト化することも理にかなっている。エネルギーが回収できない分が、若干もったいない気もするが。草木も同様である。

やっかいなプラスチック。ペットはその発熱量も小さく、製造にもエネルギーを要する。まずはペットボトルはボトルとしてそのままの形で再利用すべ

きだろう。デポジット制の利用もよいだろう。少しくらいボトルの表面が白くなっていても，かまわないと考えよう。しかし，その他の大部分のプラスチック，特に安いプラスチックは，石油からつくられていることを忘れてはならない。これらをエネルギー源として利用することが大事だろう。それでも，やはり塩素の発生源となり，ダイオキシンの発生につながりやすい，あるいは炉の寿命を縮める，塩ビの製造，利用は抑えるべきだろう。

　最後は焼却灰。できるだけ装置の中で付加的なエネルギーをかけずに安定な形にし，埋め立てるのだろう。もちろん，路盤材とかに使えればそれにこしたことはない。しかし，それをリサイクル，再資源化というなかれ。土に戻す前に，ちょっと有効に使っているだけである。陶磁器もやはり土に戻すしかない。

4.9　産業廃棄物と産業界の役割

　産業廃棄物は，おもに生産活動から排出される不要物であり，前述のように汚泥48％，家畜糞尿18％，建築廃棄物15％のほか，火力発電所で石炭を燃やしたときに出る灰，精錬かす，自動車解体業者から出るシュレッダーダストなどさまざまな物質が含まれる。都市ゴミと近いものもある。そしてそのリサイクル率は約30％である。

　これらの産業廃棄物の最も望ましい処理形態は，それぞれの工場内で原料として再び利用することである。これは，そのような廃棄物の利用価値があり，そしてコストが合えば最も望ましい方法である。というよりむしろ従来からそのようなことは行われてきており，産業廃棄物はそのうえで生み出されたものである。これらのゴミの組成は，それぞれの製造プロセスに特有なものであり，これには有害なものも含まれることもある。ケースバイケースで適切に処理することが必要である。

　しかし，産業廃棄物の場合，じつに不思議な法律がある。もしその「ゴミ」が有償で引き取ってもらえるなら，それはもう「ゴミ」とはみなされず，資源となる。あくまでもリサイクルとは「ゴミ」のリサイクルである。さまざまな

産業で，有価物としてさまざまな副産物がリサイクルされ，有効に利用されていることは頭の中に置いておきたい。産業廃棄物はあくまでもその後の，売れない「資源」であると位置づけられよう。

　本来は「ゴミ」であっても，それを有価物として購入し，「資源」として扱うのであれば，それを野積みしておいても，法律上はなにも問題がない。そしてもしその会社が倒産し，そしてその「資源」をほかのだれも有価物として買おうとしなければ，それは再び「ゴミ」となる。

　さらにはさまざまな規制や処分場用地不足から「ゴミ」処理費が高くつくようになってきた。それならば若干処理費がかかっても，リサイクルに回したほうが安くすむケースが多くなってきた。しかし，それでもコストを払う限りは，「再資源化」したとはみなされず，法律上の「廃棄物処理業者」に委託するしかないのである。法律上の問題が立ちはだかる。

　産業廃棄物の大部分を占める，汚泥，糞尿については上記の基本的なことでは解決は難しい点がある。本来これらは，生ゴミと同様農地に戻すべきもの

ティータイム

塩素の循環

　ソーダ工業。海水から電気（もちろん化石燃料を燃やして，あるいは原子力からつくられる）を使って苛性ソーダをつくる。水酸化ナトリウム（以下，NaOH）である。苛性ソーダは強いアルカリであり，工業的な用途も広い。そしてそれに伴って副生するものは塩素である。もちろん塩酸をはじめとして多くの工業的用途がある。しかし，塩素を含むさまざまな物質，PCB，フロンなどはさまざまな環境問題を引き起こす。塩ビも塩素を原料にしてつくられる。ゴミ焼却場からも塩酸あるいは塩素ガスが発生する。工業的には，酸性物質を除去するには石灰石が用いられる場合が多い。安いからである。しかし，苛性ソーダのほうが，これらを取り除く力は強い。ゴミ焼却場では，石灰石ではなく苛性ソーダが用いられることが多い。小規模な焼却場であり，都市部に立地していることから，排ガス処理に完全を期すためである。そのような名目であれば，自治体が少しくらい高い薬品を使っても市民は文句をいわない。しかし，である。そのために必要以上の苛性ソーダがつくられているとしたら，そして大量の塩素が副生する。必然的に安く市場に出回る。だから塩ビがたくさんつくられる。そしてゴミ焼却場からも塩素が出る。そして……？？？

である。糞尿はまだ可能性が高い。しかし，汚泥の問題点は重金属を含むことである。農地還元の妨げとなる。

　もう一つは，生ゴミのところでも記したように，エネルギーとして利用できるものを利用していくことである。一つは建築廃材の主要な部分を占める廃材。そしてシュレッダーダストなどの廃プラスチック。汚泥には，水を多く含むといった問題はあるが，生ゴミと同様，いろいろな方法でエネルギー化が可能であろう。直接燃焼によるエネルギー回収も可能と思われる。大規模になればなるほどエネルギー効率は高くなる。さらには，石炭などの化石燃料と混焼することも可能である。実際，石炭利用総合センターでは，数年前からこのようなプロジェクトに取り組んでいる。両者を混焼することにより，総合的に高効率な発電が可能となり，さらには条件によっては重金属や硫黄酸化物などの有害物の排出が抑えられる可能性も実証している。

4.10　ゴミ問題と世の中の仕組み

　最近，工場で，家庭で，そしてそれらを相互に結びつけた社会システムとしていくつかの仕組みが提案されている。循環型社会，廃棄物ゼロ，ゼロエミッション，クリーナープロダクション，逆工場，静脈産業などである。循環型社会を達成することが目的のようにいわれている。そしてそのためには，静脈産業を育成し，その一方でリサイクルがなされやすい製品に転換していくこと，廃棄物が少ないプロセスに組み立て直すこと，すなわちクリーナープロダクションである。ゼロエミッション（エミッションとは排出のこと）とは人間活動からの排出を極力ゼロに近づけることである。

　確かにいま，ビール工場などでゼロエミッションに向けた取り組みがなされている。そしてある程度の成果を上げつつある。ビール工場の場合には，麦という人類にとって貴重な食糧が原料である。そしてこの原料は，再生可能な農地から生産されているものである。これをさまざまな形で有効利用する。非常に望ましいことである。ゼロゴミに近づける技術をつくりあげていくことは私

たちの使命でもある。

しかし，大部分の産業では，地球上のさまざまな再生できない金属などの資源や，あるいは実質的に再生されていない森林からの資源を使い，生産が行われている。CO_2 はエネルギー源として化石資源を使う限り，エネルギー使用に伴って必然的に排出される物質である。CO_2 までをも含めたゼロエミッション化も考える必要があるだろう。これらのバージンの，再生できない資源を使ってなにかものを生産していく限り，そして「ウサギ小屋」の中の蓄積量が増えない限り，その分は必ずなんらかの形の排出物になっている。ゼロエミッションとは，枯渇性の資源を使わないで生産を行うことではないだろうか。

ゴミも，CO_2 も，地球上のさまざまな金属や森林資源を使い，エネルギー資源を使うから排出されるのである。地球の資源と環境とが有限であり，これをいかに子孫に残すかと考えたとき，著者はまず，その根本のところの合意が，世の中でまだとれていないのではないかと危惧するのである。なぜなら，いま，エネルギー資源や金属資源の値段はそれを掘り，輸送し，そして市場で取り引きがされることにより決まっているからである。使うなとはいわない。しかし，使う量を減らしても生産を続けるには，すなわち循環型社会をつくるには，出口のゴミの問題を考えるよりも，入口を減らすことのほうが，基本的な解決にはより近道ではないだろうか。

もちろん，循環型社会を仕組みとして考え，実現に移そうとする考え方に反対するわけではない。しかし，子孫のために価格を上げて，大事に使おうという声はなかなか聞こえない。ゴミを減らすことも，CO_2 の排出を減らすことも大事だが，資源を子孫に残すことをまず考えたい。そうすればおのずとゴミも CO_2 も減るはずである。バージンの資源を大事に使い，子孫に残そうとするなら，そして再生品を相対的に安く供給するには，バージンの資源の価格を上げる，これが最も確実で手っ取り早い方法ではないのだろうか。

じつはこのことが著者の，本書の中で最も強調しておきたいことである。そしてつぎの CO_2 問題についても，まったく同じ主張をしていきたいのである。

5 地球温暖化（気候変動）とエネルギー

5.1 地球温暖化問題，気候変動とは

　1章でも述べたように，オゾン層破壊やその他のさまざまな問題と並び，地球環境問題の一つとして地球温暖化問題が取り上げられる。むしろ，地球温暖化問題が全地球環境問題を代表しているかのような感すらある。表1.2に示したように，オゾン層破壊に対するフロン規制のあとは，温暖化一色にすらみえる。実際，新聞でも多くの記事，特集が組まれている[†]。

　1997年末には，京都でCOP3が開催され，温室効果ガス削減目標が設定された。しかし，いまだに地球温暖化により，死者が出たという話は聞かない。われわれ現世代に対してではなく，これからの人類，すなわちわれわれの子孫への大きな影響が心配されているのである。現代の地球人が子孫に残したものは，温暖化ばかりではない。食糧や生態系，そして資源の問題である。そして地球温暖化は，そのそれぞれと深くかかわる問題なのである。

　表1.2にすでに示した「気候変動に関する政府間パネル，IPCC」では，科学者が集まり，地球の気温の変化を予測している。これを図5.1に示す。2100年には地球平均気温は最大3.5℃上昇するという。もちろん予測には幅があ

[†] 著者も若干かかわらせていただいた，東京新聞での特集［東京新聞サンデー版1997.1.5，1・8面，1999.2.7，1・8面］から，図表などをいくつか引用させてもらうことにした。著者なりのコメントをつけて。以下出典は省略させていただく。

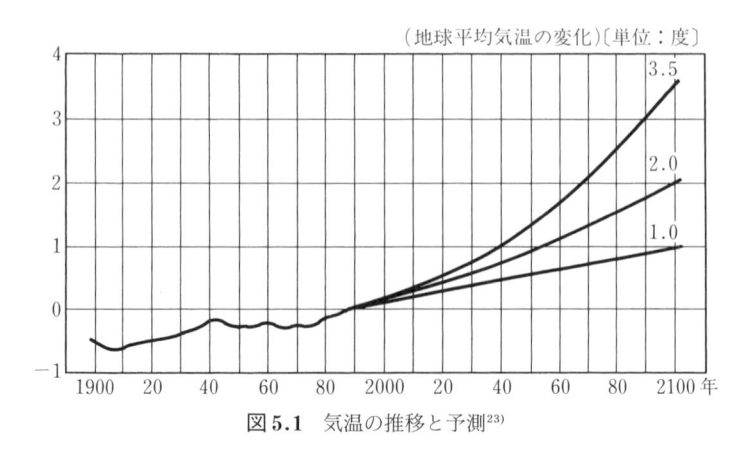

90   5. 地球温暖化(気候変動)とエネルギー

図5.1 気温の推移と予測[23]

り，最低では気温は1.0°C上がるだけである。確かにこれらの予測は，科学者がある仮定（今後の温室効果ガス排出量予測）の下で，コンピュータを用いて地球をシミュレートした結果，すなわち「予言」にすぎない。そしてその予言は，人類がとった対策により十分変わりうるものであるし，またその計算それ自身に異議を唱える科学者も多い。しかし，その予言は，最も確からしい予言であると現代の科学はいっているのである。

地球温暖化の影響はそれではどのようなところに起こると心配されているのだろうか。まず第一に地球自身が温暖化することにより，海面上昇がまず心配される。以前は，南極の氷が溶けて海に流れ出し，海面が急上昇するといわれたが，ここしばらくは大丈夫そうである。もちろんその心配が消えたわけではないが，海水温自身の上昇による海水の体積膨張だけでも十分大きな影響が心配されている。海面は1800年代と比べすでに10〜25 cm上昇しているが，**図5.2**に示した予測によれば，これも2100年には，最大1 m近くまで上昇する可能性がある。こちらも最低の予測では15 cm上昇するに「すぎない」のであるが。海面上昇により，太平洋諸島諸国では，国自身の存続すら危うい状況を迎えることとなる。日本でも1 mくらいの海水の上昇により，9割もの砂浜が消滅する。高潮の発生も心配される。

温暖化の直接の影響としては，植生変化，病気などが心配される。平均気温

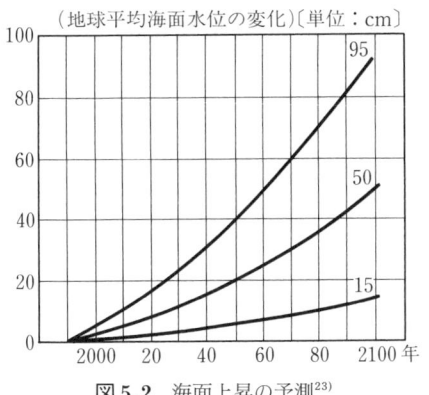

図5.2 海面上昇の予測[23]

2℃の上昇は，東京が鹿児島の気温になることに相当する．急激な気温の変化に生態系がついていけず，崩壊するというのである．気温が変化したなら，植物は南から北に移動する必要がある．しかしそれは困難な話である．また，いままでとれた作物が，気温差によりとれにくくなる．一方，マラリアや黄熱病は，否応なしに日本に上陸してくる．

　最も恐れられている影響は，いわゆる気候変動である．地球の平均気温が上がるということは，それだけ地球表層がエネルギーを持つということである．そのため，台風などが増え被害が増す．それよりなにより，地球全体の降雨パターンの変化．いままで雨が降らなかったところに大雨が降れば大洪水を引き起こす．それは，いままで雨が降らなかったところには土壌の保水性がないからである．一方，いままで雨が降っており，穀倉地帯と呼ばれていた地帯に雨が降らなくなる．それは食糧生産に大きな影響をもたらす．そしてそのような危機的な地球規模の変化は，歴史の中では，ときどき戦争を引き起こすきっかけともなってきたことがしられている．

5.2 地球温暖化の機構

地球の平均気温は約 15°C といわれる。しかし，本来地球の気温は $-18°C$ 程度であるべきである。地球には水蒸気や二酸化炭素（以下，CO_2 とする）といった温室効果ガスと呼ばれるガスが大気中に多く存在し，地球の熱が外に逃げるのを妨げる働きをしているからである。いわば地球は温室効果ガスといわれるセーターを着ている。だからわれわれも過ごしやすいし，もし氷の惑星となったら，植物すら生きてはいけなくなってしまうのである。

しかし，人間がセーターを着ているのと根本的に異なるのは，地球は地球自身に熱源をもっているわけではなく，太陽からエネルギーをもらっている点にある。地球が着ているセーターは，太陽からのエネルギーは通すが，地球の熱が外に逃げるのを妨げる不思議なセーターなのだ。

よく新聞などで，温室効果ガスで熱がたまる？　などと書かれている。しかし，大昔から温室効果ガスを含む地球の大気は，地球に熱をためる働きなどさらさらなかった。毎年，毎日，太陽から熱を受け，そして同じだけの量の熱を宇宙に放出してきた。確かに地球の温度が上がるということは，地球に熱がたまることにほかならない。しかしたまる熱量はわずかである。むしろ太陽から受けた熱を同量宇宙に放出するには地上温度が上昇するしかないのである。

地球にとって最も重要な温室効果ガスは水蒸気である。水蒸気は CO_2 以上の温室効果をもっているが，濃度が変わってきたという証拠はない。その一方で，水蒸気が凝縮すると，雲になり，地球にエネルギーを供給している太陽光を妨げる。このような水蒸気の役割は，もちろん地球温度の計算に組み込まれてはいるものの，ひょっとしたら不十分かもしれない。水蒸気濃度や雲の量が，温暖化によりどう変わりそれが温暖化にどのような影響をもたらすのかは，じつはまだわかっていない点が多い。

つぎに重要なガス，そして確実に増え，温室効果を増大させている一番の物質が CO_2 である。CO_2 に加え，フロン（オゾン層破壊物質），メタン，亜酸化

5.2 地球温暖化の機構

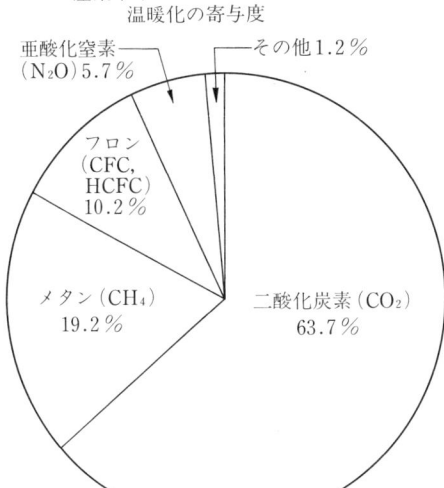

産業革命から1992年までの
温暖化の寄与度

- 亜酸化窒素（N₂O）5.7%
- その他 1.2%
- フロン（CFC, HCFC）10.2%
- メタン（CH₄）19.2%
- 二酸化炭素（CO₂）63.7%

図 5.3 人間が出す温室効果ガス[23]

窒素にも温室効果がある。物質としては CO_2 以上の温室効果がみられるが，その排出量は CO_2 に比べ非常に少ないため，影響は CO_2 に比べ小さい。メタン，亜酸化窒素は，エネルギー利用のほか，農地や自然環境からも放出される。図 5.3 にはそれぞれのガスの温室効果への寄与を示す。CO_2 の温室効果は 63.7% となっているが，どのガスがどの程度の寄与かというのはなかなか難しい。その効果が何年続くかによっても異なるからである。

最も寄与率が大きい CO_2。あるいはその他のガスも最近大気中濃度が急激に増大している。しかし，これらの濃度が上がったから暖かくなった，というのは本当だろうか？　実際，CO_2 濃度やメタン濃度は，気温とよい相関を示している。

じつは，気温に最も影響するのは，当然のことながら，太陽の活動と軌道である。太陽の活動が活発化すれば，そして軌道が地球に近づけば，気温が上がる。そしてよくわからない点も多いが，海流の影響も多大である。深海の冷たい水が海表面にくると，気温が下がる。

5. 地球温暖化（気候変動）とエネルギー

　CO_2 などの温室効果ガス濃度が上がると温度が上がることは，温室効果ガスの影響が科学的に証明されている以上，明らかなことといわざるをえない。しかし，気温が上がると CO_2 濃度も上がる。それは，気体の海水への溶解度は温度とともに減少し，海に解けていた CO_2 が大気に戻るからである。他のガスも同様である。むしろ，後者の効果は前者の効果に比べ大きい。すなわち，太陽の軌跡や活動が変わり，長期的な氷河期・間氷期の繰返しが起こり，そしてそれにつれて CO_2 濃度も変化してきた。だから CO_2 の濃度変化ももっとずっと長い期間で見れば確かに起こってきたのである。

　図5.4 に最近の CO_2 濃度変化を示す。現在の CO_2 濃度は，370 ppm 程度である。これは産業革命以前の濃度である 280 ppm よりすでに 90 ppm 程度高い値となっている。この濃度はいったいどこまで増えるのだろうか。2100 年には，なんらかの対策がなされたとしても，500 ppm にはなると予想されている。

　最近のこんな急激な CO_2 濃度の上昇はいままで見られたものと比べて，桁違いにというより何桁も大きいものである。そして，その結果起こる気温の変化も，歴史上まれにみる急激な変化といわざるをえない。この変化がもっとゆっくりと起こるのであれば，きっとそれは人類にとっても対応可能なはずだったのである。むしろ，世は，氷河期に向かっているともいわれている。もっとゆっくりと CO_2 濃度が増え，地球を暖めてくれるのであれば，望ましいこととすらいえるのである。

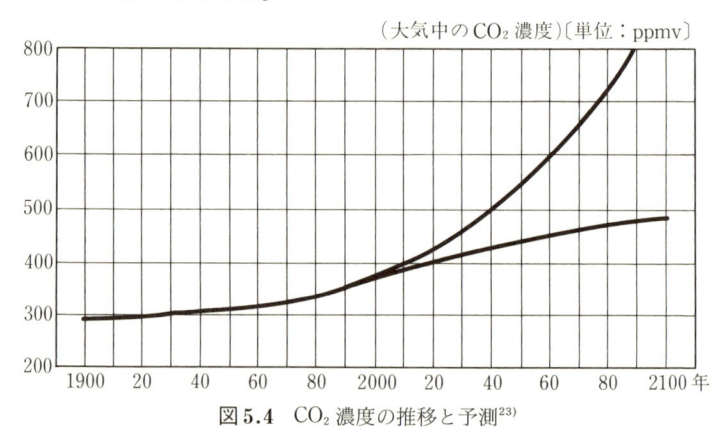

図5.4　CO_2 濃度の推移と予測[23]

5.2 地球温暖化の機構

ティータイム

温室効果ガスのはたらき

　温室効果ガスは，太陽光（紫外線，可視光線）は通すが，一度地表に達し再放出された赤外線は通しにくい働きをする。温室効果ガスが増えると，戻ってくる赤外線量は増え，宇宙に逃げる赤外線量は減るが，受ける太陽エネルギー量は変わらない。そこで大気中に，熱がたまり，地表の温度が上がる。

　地表の温度が上がると地表から放出される赤外線量は増える。すると宇宙に放出される赤外線量が地球に入るエネルギーと等しくなり，新たな定常状態に至ることになる。

　新たな定常状態になると，地球から温室効果ガスに至る赤外線の太さはさらに太くなる。そして温室効果ガスを通して宇宙に放出される赤外線も太くなり，これまでと同じ太さに戻ることになる。そしてその状態では，もう地球には熱はたまらない（図5.5）。

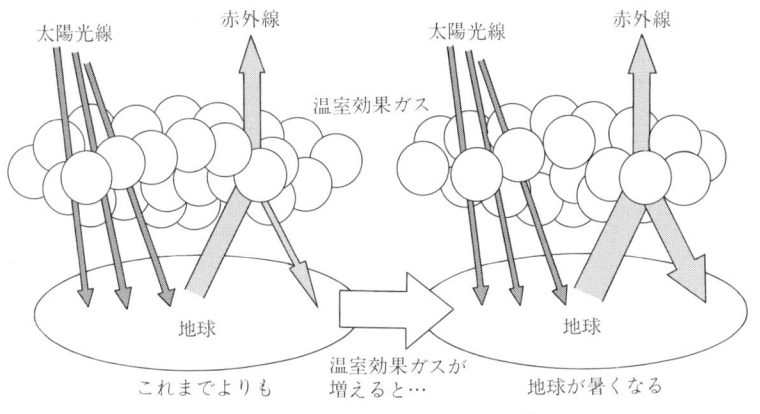

図5.5　温暖化はどうして起こる[23]

5.3 地球の炭素収支

地球温暖化の主因である CO_2。その放出の主因は，もちろん化石燃料の燃焼である。現在では化石燃料（石灰石の焼成によるものを含む）から排出されるのは毎年60億 t。森林破壊によるものが，十数億 t。しかしすでに図3.5に示したように，歴史的にはむしろ森林破壊によるほうが大きかったといわれている。

そのうち35億 t 弱が大気に残り，ほかは海，陸が吸収しているとされているが，正確には不明である。ただし，海や陸が吸収しているのは，大気中の濃度が増えたからである。大気中の CO_2 濃度が増えると海への溶解度は増す。そして，木は太る。しかし，CO_2 濃度がたった数十 ppm 増えただけで，自然がその一部を吸収しているということは，驚くべきことである。

すでに3章で新聞などでいわれている，「アマゾンは地球の肺」に対しては，疑問を投げかけた。しかし，CO_2 濃度が増えたから太ったなどということを考えて書いているとは思えない。どうも木があること自身が地球に優しいという（それはそうかもしれないが，炭素収支についてはそうではない）先入観に基づくもののように思われる。少なくとも定常状態（CO_2 濃度が増える前）では，アマゾンの森林は CO_2 に関してはアマゾンのすべての生物の肺（すなわち食糧源でありエネルギー源となっている）といえるが，地球の肺とはいえない。アマゾンの生態系はアマゾンで自立していたはずであるからである。

人間が，生物として呼吸により排出している CO_2 の量は炭素換算で年間数億 t 近くになる。この量は，食糧を食べ，CO_2 となった量である。食糧は農地などで大気中の CO_2 が固定されたものであり，この分は大気中の濃度の増大にはならない。だから，この分の排出量は，統計には載せない。いわば地球人の肺はアマゾンではなく，農地なのである。しかし，農地を，森林を切り開いてつくるなら，森林破壊により確実に CO_2 が放出されるのである。

大気中の炭素収支の数字として広く公表されているのは，1980年代末のも

5.3 地球の炭素収支

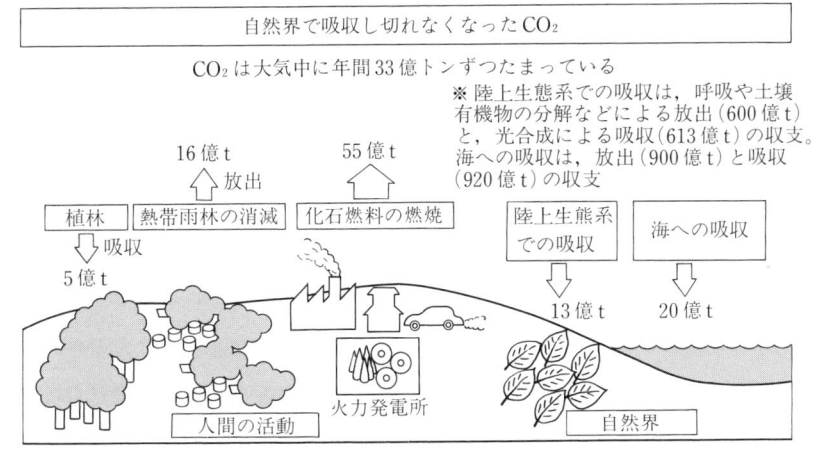

```
┌─────────────────────────────────────────────┐
│        自然界で吸収し切れなくなったCO₂         │
└─────────────────────────────────────────────┘
       CO₂は大気中に年間33億トンずつたまっている
                              ※ 陸上生態系での吸収は，呼吸や土壌
                                有機物の分解などによる放出（600億t）
                                と，光合成による吸収（613億t）の収支
                                海への吸収は，放出（900億t）と吸収
                                （920億t）の収支
```

図 5.6　1980 年代末の地球の炭素収支
（単位は 1 年間の流れ，炭素換算 [t]：
CO_2 44 g が炭素 12 g に相当する）[23]

のである。これを**図 5.6** に示す。大気に放出される炭素は図から計算する限り年間 $55+16-5-13-20=33$ 億 t 炭素である。化石燃料から放出される 55 億 t はエネルギー統計から計算されるため，ほぼ正しい。ただし，勝手に掘って燃やした石炭などからの排出は予想するしかない。大気にたまる 33 億 t という数字は，推定の結果ではなく，大気中の CO_2 濃度から求められる数字であるため，比較的信頼性がある。しかし残りのすべての数字は，一応根拠があることになってはいるが，結局現状では数合わせにすぎない。あまり信用してはいけない。確かに木を植えることにより CO_2 は吸収されるが，地球規模でどれだけ植えられているのか，また森林破壊により CO_2 がどれだけ放出されて

◆ティータイム◆

ハンバーガーコネクション

　アメリカで消費されるハンバーガー用の牛肉の多くはブラジルから輸入されたものである。牧草地はアマゾンを切り開いてつくったものである。すなわちハンバーガーを食べることが地球環境破壊になる。風が吹けば桶屋が儲かるよりは，もっと明確な関係といえるだろう。

いるのか，正確な数字はわからない．それ以上に，CO_2 濃度が増加したため，木や海がどれほどの CO_2 を吸ったのか，まったくわかってはいない．モデルや他の資料から推定しているだけである．それでも著者はそんなものかと，信じる気になっている．

5.4　CO_2 とエネルギー

エネルギーのおおもとを一次エネルギーという．もちろん私たちが使っているのは電気，ガス，そしてガソリン．これらは二次エネルギーと呼ばれる．水道水や，鉄，そして私たちの身の回りのすべての物質の製造にも，エネルギーが必要である．輸送にもエネルギーが使われている．さらに驚くべきことは，私たちが日頃口にしている食糧の生産には，太陽エネルギーばかりではなく，さまざまなエネルギーが投入されている．場合によっては，光合成で固定された太陽エネルギー量以上の電気やガスや石油が投入されている．

それらはなにからつくられているか？　すなわち一次エネルギーは？　化石

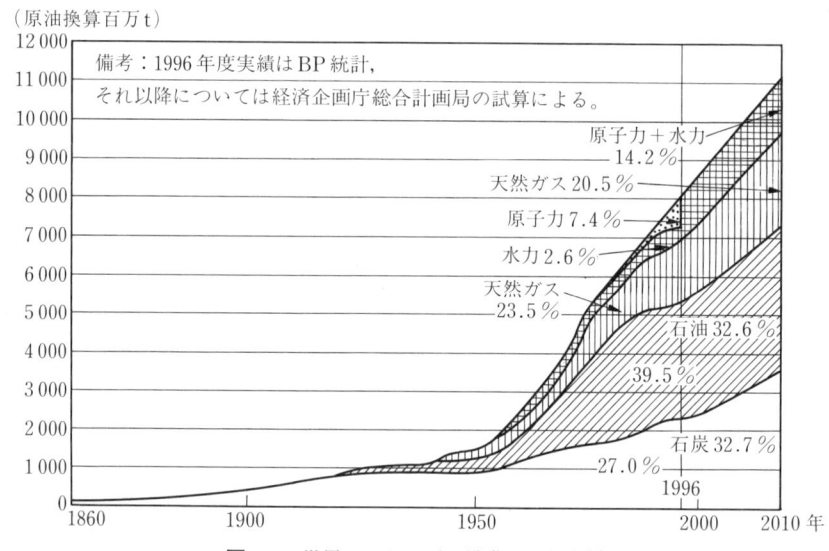

図 5.7　世界のエネルギー消費量の推移[24]

5.4 CO_2とエネルギー

燃料，原子力，水力などからである。**図5.7**には世界のエネルギー消費がどのように変化してきたかを示している。第二次世界大戦以降の急激な増大が見られる。現在では世界で，石油換算で90億tのエネルギーが使われている。最近ではだいたい，石油・石炭・天然ガス・その他の比が，4：3：2：1で推移していることがわかる。図5.7では原子力は水力の3倍近い値となっているが，原子力が水力より若干多いくらいの統計もある。ただし，この中にはバイオマス，すなわち薪や家畜の糞などは含まれない。売り買いされる量はほんの微々たるものであるため，経済統計にはのってこないが，石油換算で15億t程度と見積もられている。その大部分は途上国で煮炊きに用いられる。また，図5.7では今後原子力が増大し，石油が減少してくると予想しているが，ヨーロッパなどでの脱原子力化を考えると，本当にそうなるかは結構疑問である。

　表5.1に化石燃料間のCO_2排出特性と資源量の比較を示す。世界の一次エネルギーの9割を占める化石燃料はすべて水素と炭素からなる。炭素も水素も燃やせばエネルギーを生み出し，炭素はCO_2，水素は水になる。もちろん純粋な炭素や水素といった資源は，ほとんどない†。あるのは，石炭(炭素と水素の組成は1：1，式で書けばほぼCH)，石油(CH_2)，天然ガス(CH_4)。この順に単位発熱量当りのCO_2排出量〔g-C/kcal〕は少なくなる。

表 5.1 化石燃料間のCO_2排出特性と資源量の比較[25]

特性，資源量	炭素	石炭	石油	天然ガス	水素	計(石油換算)
高発熱量〔kcal/kg〕	7 800	7 000	10 000	13 000	34 000	—
H/C 比(原子数比)	—	0.9	1.8	3.9	—	—
H/C 比〔kg/kg〕	—	0.08	0.15	0.33	—	—
CO_2発生量〔g-C/kcal〕	0.13	0.11	0.078	0.058	0	—
究極埋蔵量〔兆t〕：E	—	9.9	0.27	0.15	—	7.4
確認可採埋蔵量〔兆t〕：R	—	0.73	0.12	0.08	—	0.74
年生産量〔億t〕：P	—	35	30	14	—	T=73
可採年数 R/P 比	—	200	40	60	—	100
E/P 比	—	2 800	90	100	—	1 000
E/T 比	—	950	37	27	—	—

---

† ダイヤモンドは純粋な炭素ではあるが，だれもこれを燃やしてエネルギー源としようなどとは思わない。

同じエネルギーを得るときに排出するCO_2は，天然ガスについては，石炭の約半分である．しかし，残念なことに，天然ガスの確認埋蔵量（R）は，石炭の1割程度，究極埋蔵量では数十分の1である．もし現在の全化石エネルギー使用量をすべて天然ガスでまかなう(E/T比)なら27年でなくなってしまう．石油も資源量は，石炭に比べて少ない．石油も37年，そして炭素に近い石炭は950年である．もし環境問題を百年の規模で考えるのであれば無尽蔵ともいえる．この石炭をどう使うのかが問われている．

一方原子力については，安全性，核廃棄物の問題はここではコメントしないことにする．ウランについても，もし海水からウランが採取できれば膨大な資源量とはなる．ウラン鉱石だけを考えても，ウランの推定資源量は300年分といわれており，この数字だけ見れば十分な資源量といえるかもしれない．しかし，まったく同じ議論はウランについても成り立つ．現在の原子力は，すべてのエネルギー源のたった数％を占めているだけにすぎない．したがってもしすべてのエネルギーをウランだけに頼るとすれば，やはりたった20年程度でなくなってしまうこととなる．もちろんすべてのエネルギーを原子力に頼ることは，電気以外の二次エネルギーが現在の日本でも60％を占めていることを考えると，非常に難しいのであるが．

太陽光発電，太陽熱発電などの自然エネルギーは確かに再生可能なエネルギーである．しかし，世界規模でみればデータにすら載ってこないほど微々たる量でしかない．化石燃料がほとんどすべてであるとの現在の構造をすぐに転換できるとは思えない．

つぎに二次エネルギーを考えてみよう．なぜエネルギーの形を変える必要があるのだろう．一つは使いやすいからである．もう一つは，使う場所で大気を汚したくないからである．

現在の代表的な二次エネルギーである電気は，使う段階でみる限り大気を汚さない．未来の二次エネルギーとして期待されている水素も燃えれば水ができるだけであり，それ自身はクリーンなエネルギーである．しかし，残念ながらこれらの資源は，一次エネルギーとしての資源量をもっているわけではない．

5.4 CO_2 とエネルギー

いまこれらの大部分が化石燃料からつくられているという現状を考えると，CO_2，場合によっては NO_x，SO_x をやはり出していることになる．現在ではどの程度クリーンかは，これらのエネルギーをつくるときにどれほどの化石燃料を使っているのかによることになる．すなわち，電気や水素に転換するとき，そしてその二次エネルギーを使用するとき，どれほどの効率で用いられているかが問題となる．ただし，NO_x や SO_x は，石炭を家庭で燃やして暖房に使うときと，発電所で脱硫脱硝しながら電気に変換してから使うときとを比較すれば，電気に変えてから使ったほうがクリーンであるといえよう．

将来のエネルギー源が太陽電池や風力といった新エネルギーに代わっていくとすれば，これらから電気は直接生み出されることになる．このような新エネルギーは，例えば人が住んでいない砂漠には豊富にある．しかし，電気の形で日本の都会に運ぼうとすると，やっかいなことが生じる．電気は長距離を運びにくい．運ぶ過程で大量の電気が失われる．そこで電気分解により水素がつくられ，水素が運ばれるというシナリオも書かれている．とすれば，水素は，将来は本当の意味でクリーンな二次エネルギーとなりうる可能性も高い．

さてその太陽エネルギーであるが，これが本当にクリーンであるかはじつは検討の余地がある．太陽電池から生まれるエネルギーは基本的にはクリーンであるが，太陽電池をつくるにもエネルギーが必要であるからである．じつは，太陽電池をつくるエネルギーは，架台やインバーターなどの付帯設備を含めても，現状では10年くらいでかけたエネルギーの元は取れるようである．10年以上設置して発電した太陽電池はクリーンということになる．しかし問題はコスト．お金で元をとるにはまだ30年以上もかかる．

ところでバイオマスはクリーンな再生可能エネルギーだろうか．もし，森林破壊がなければ再生可能といえるのだろうが，森林が破壊されている現状をみると，クリーンといえるかどうかには疑問はある．しかし，ゴミとして捨てられるバイオマスエネルギーは，どうにかして回収したいものである．

ティータイム

身の回りのエネルギー

私たちの身の回りのさまざまなものにどれだけのエネルギーが投入されているかは，エネルギーの単位で示されてもよくわからないことが多い。しかし，そのエネルギーが，何人分の食糧になるかで換算すると，人類というものは昔から大量のエネルギーを用いており，そしてその量が最近加速度的に増大していることがわかる。表5.2には，これらのエネルギーの大きさが，人が生きていくために必要な食糧の中のエネルギー，何人分に相当するかが示されている。

昔，15日かけて歩いていたときのエネルギーは，普通の運動量より多い分だけエネルギーが余計にかかっているものの，人が食べるエネルギーとほぼ等しい。それが車で行けば，3倍以上にもなる。それもたった半日で。そのことも考えれば，90倍のエネルギーともいえよう。さらに驚くべきことは，ハウス栽培のトマト。たった1kgの数個のトマトをつくるのに，1.5人分のエネルギーをかけている。これよりはかかっているエネルギーは小さいものの，米でもなんでも食糧にはエネルギーがかかっている。太陽を食べているというより石油を食べているといったほうが正しいくらいなのだ。

表 5.2 家庭と輸送のエネルギー消費[26]

項 目	エネルギー消費量	人数(*)
冷蔵庫	2.0 kWh/日・世帯	2.2人/日
照 明	3.0 kWh/日・世帯	2.8人/日
暖 房	6.0 Gcal/年・世帯	8.2人/日
内風呂	3 000 kcal/人・回	1.5人/日
(銭湯)	(200 kcal/人・回)	
トマト(ハウス)	3 000 kcal/kg	1.5人/kg
大 根	200 kcal/kg	0.1人/kg
ハマチ(養殖)	30 000 kcal/kg	15人/kg
サンマ(網)	2 400 kcal/kg	1.2人/kg
木造一戸建て	900 000 kcal/m²	450人/m²
[江戸時代]		
裏長屋(九尺二間)	12 000 kcal/m²	6人/m²
京都御所紫宸殿	37 600 kcal/m²	19人/m²
旅 行(東京⟷京都)		
徒 歩	38 000 kcal/(15日)	19人
新幹線	60 000 kcal/人(2時間)	30人
乗用車(2人乗り)	130 000 kcal/人(6.5時間)	65人
ジェット機	180 000 kcal/人(30分)	90人

(*)食物の摂取エネルギーから計算した人数

5.4 CO_2 とエネルギー

> ティータイム

世界の CO_2 排出量（すなわち，エネルギー利用）のアンバランス

図 5.8 には世界の国別 CO_2 排出量を，また図 5.9 には世界の人口の地域別分布を示す。北アメリカは全人口のたった5%であるにもかかわらず，アメリカだけで全 CO_2 排出の22%を占めている。その一方で，アジア，アフリカあるいは中南米では，人口に比べて排出量は小さい。先進国の論理で，途上国にも排出抑制を求めるのは，国際的に非常に困難である。

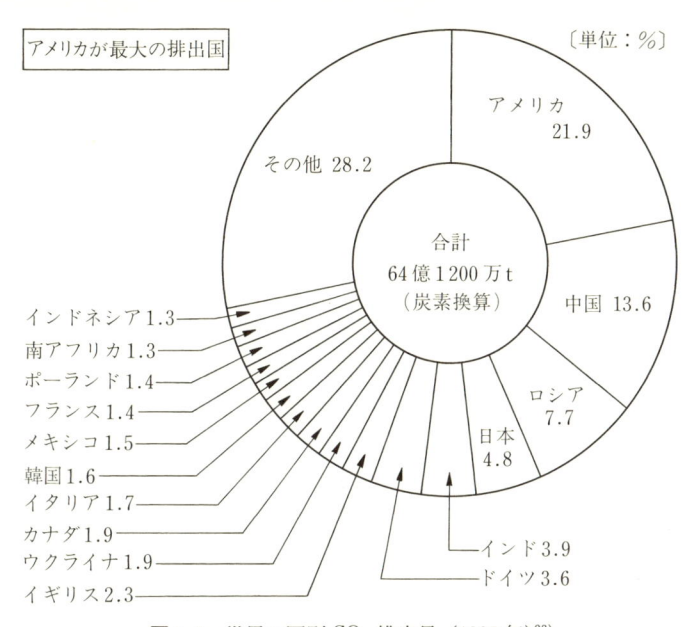

アメリカが最大の排出国

〔単位：%〕

アメリカ 21.9
その他 28.2
合計 64億1200万 t （炭素換算）
中国 13.6
ロシア 7.7
日本 4.8
インド 3.9
ドイツ 3.6
イギリス 2.3
ウクライナ 1.9
カナダ 1.9
イタリア 1.7
韓国 1.6
メキシコ 1.5
フランス 1.4
ポーランド 1.4
南アフリカ 1.3
インドネシア 1.3

図 5.8 世界の国別 CO_2 排出量（1995 年）[23]

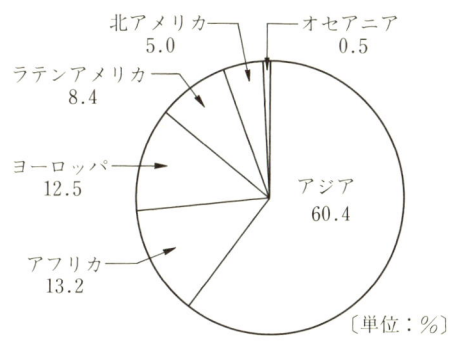

北アメリカ 5.0
オセアニア 0.5
ラテンアメリカ 8.4
ヨーロッパ 12.5
アジア 60.4
アフリカ 13.2

〔単位：%〕

図 5.9 世界の人口（1997 年の世界の総人口は 59 億人）[27]

5.5 日本のエネルギー

ここでは日本のエネルギーの構造をみてみたい。**表5.3**からは，この表をじっくり眺めるだけで一日をつぶすことができるくらい，いろいろな情報がわかる。そしてこの表から，コンピュータなどを用いていろいろな図をつくってみることをお勧めする。

まず，表の読み方から。1年間の日本でのエネルギーの流れを，10の10乗kcalの単位で示している。もちろん1 calは，1gの水を1℃暖めるのに必要なエネルギーの量である。aからkの横のカラムには，さまざまな一次および二次エネルギーが示されている。a石炭，c原油，e天然ガス，g水力，h原子力，i地熱，j新エネルギーが一次エネルギー，そのほかが二次エネルギーであり，最後がt合計である。ここでbコークスは，a石炭からつくられる炭素の固まりで，主として鉄鉱石の還元に用いられる。d石油製品にはガソリンやプロパンガス，さまざまな石油化学中間原料が含まれる。

上から縦のカラムは，順番に数字で示しておこう。そして，縦のカラムと横のカラムがぶつかったそれぞれの場所を，以下カッコをつけて(縦のカラム番号-横のカラム番号)のように示すことにする。興味があればその項の数字を見ていただきたい（だが，まあ，カッコ内ははじめは無視して読み進めるのもいいだろう）。

さて表の上から順に説明していこう。縦のカラム1～3は一次エネルギーの供給についてである。二次エネルギーのうちd石油製品だけは輸入もされている。一次エネルギー総供給(3-t)のたった十数％しか国内で生産(1-t)されていない。いや，われわれの常識として，むしろそんな多いはずはないのである。大部分が輸入されているはずである。からくりは原子力発電(1-h)。ウランはこの表ではエネルギーとしてではなく金属資源としてみなされている。そして日本の中でエネルギーが生産されていることに統計上はなっている。また，新エネルギーも元をただせばほとんどが輸入したものの廃棄物である。こ

5.5 日本のエネルギー

れらを除くと，日本で生産されているエネルギーはたった5%弱になってしまう。その大部分は水力である。

原油と石油製品を含め，総供給の55.3%が石油となっている（[(3−c)+(3−d)]/(3−t)）。原子力は12.3%であり，この両者に依存する割合が，世界に比べて高いことが特徴である。一方石炭は16.4，天然ガスは11.4であり，こちらは世界に比べて少ない。天然ガスは，日本が島国であるため，パイプラインではなく液化して船で運ぶ必要があることがネックになっている。水力は3.4%と意外と少ない。火山国ではあり，地熱を利用はしているが，たった0.2%である。新エネルギーほかは，1.1%であり意外と多い。新エネルギーというと，一見太陽エネルギーや風力ではないかと考えられる。しかし，実際にはその多くが廃棄物である。特に紙パルプ産業から排出される黒液，すなわち樹木からパルプをとったしぼりかすが重要である。しかし，これらは自家発電(8−j)や紙パルプ産業(25−j)で使われているにすぎない。

総供給(3)に輸出(4，いずれもマイナスとして計上されている)や在庫変動(5，プラスは昨年までの在庫から供給されたこと，マイナスは在庫が増えたことを示す)を足し，最終的な一次エネルギー国内供給(6)となる。

これらの国内供給はまずエネルギー転換（および自家消費・ロス）される。例えば電気事業者(7)は都市ガス(7−f)を除くすべてのエネルギーを用いて（いずれもマイナスで計上される），電気(7−k)を製造するが，使用した全エネルギー(7−a〜j)の合計値の符号をプラスにしたもののうち，たった(7−k)の割合しか電気に変えることができない。残りの大部分(7−a〜k)の合計値である，(7−t)は冷却水として用いた海水を暖めるのに使われている。すなわち，発電に使用した全エネルギーは，(7−k)−(7−t)で与えられる。自家発電(8)も含め，他のエネルギーからの総発電効率は，[(7−k)+(8−k)]/[(7−k)+(8−k)−(7−t)−(8−t)]=0.393と与えられる（これを発電端効率という）。さらに全発電量のうちの一部(15−k)は，化石燃料の前処理などの発電所内消費あるいは送電ロスとなり，最終消費者には，発電量の89.3%が供給される。ここまでの効率（受電端効率という）は35.1%となる。

5. 地球温暖化(気候変動)とエネルギー

表 5.3 日本のエネルギー:1996年度エネルギーバランス簡約表[28]

No.		a 石炭	b コークス	c 原油	d 石油製品
	一次エネルギー供給				
1	国内生産	3 615		771	
2	輸入	86 975		243 333	60 680
3	一次エネルギー総供給	90 590		244 104	60 680
4	輸出		−1 783		−19 153
5	在庫変動	52	−9	384	−1 751
6	一次エネルギー国内供給	90 642	−1 792	244 488	39 776
	エネルギー転換および自家消費				
7	電気事業者	−26 642	−4 788	−15 374	−16 777
8	自家発	−4 391	−2 904		−12 402
9	熱供給事業者	−14			−37
10	都市ガス		−285		−3 524
11	コークス	−44 862	37 485		−589
12	石油精製			−224 952	221 119
13	石油化学			−2 740	2 740
14	その他				
15	自家消費・ロス	−87	−3 020	−28	−11 447
16	統計誤差	2 391	−1 291	−1 394	1 697
17	最終エネルギー消費計	17 039	23 404	0	220 467
18	産業部門計	17 023	22 304	0	87 065
19	農林水産業				11 484
20	鉱業				647
21	建設業				5 522
22	製造業計	17 023	22 304	0	69 411
23	食料品				2 273
24	繊維	29			2 104
25	紙・パルプ	1 290			2 945
26	化学工業	587	142	0	39 144
27	窯業土石	6 015	320		3 811
28	鉄鋼	8 812	21 227		2 945
29	非鉄金属	123	184		1 351
30	金属機械	166	119		1 447
31	その他	1	312		13 393
32	民生部門計	15	1 100		37 993
33	家庭用	3	43		20 278
34	業務用	12	1 057		17 715
35	運輸部門計				87 063
36	旅客用				54 283
37	貨物用				32 781
38	非エネルギー				8 346

出所:通産省/EDMC「総合エネルギー統計」(速報値)

5.5 日本のエネルギー

表 5.3（つづき）

e	f	g	h	i	j	k	t
天燃ガス	都市ガス	水力発電	原子力発電	地熱	新エネルギーなど	電力計	合計
2 178		18 488	67 995	1 071	6 249		100 367
60 467							451 455
62 645		18 488	67 995	1 071	6 249		551 822
							−20 937
0							−1 324
62 645		18 488	67 995	1 071	6 249		529 562
−48 709		−17 445	−67 769	−771	−273	75 033	−118 514
−5		−1 043	−226	−55	−3 819	10 731	−14 114
	−299				464	0	114
−17 159	22 072						1 103
							−7 966
							−3 833
							0
−401	−306					−9 156	−24 444
−922	−12	0	0	0	1 253	0	1 632
449	21 455			245	3 874	76 608	363 540
392	7 430			105	2 447	35 170	171 937
				105		324	11 913
						205	853
						131	5 654
392	7 430				2 447	34 510	153 518
	869					2 164	5 306
	158				49	812	3 152
	1 067				2 367	2 964	10 633
339	1 050				29	5 398	46 689
	376					2 069	12 591
	1 805					6 974	41 762
	323					1 590	3 571
	1 671					6 749	10 152
53	112					5 790	19 661
56	14 025			140	1 427	39 595	94 351
	9 170				1 030	20 638	51 162
56	4 855			140	377	18 957	43 189
						1 843	88 906
						1 738	56 021
						105	32 886
							8 346

5. 地球温暖化(気候変動)とエネルギー

ここで、全国内供給エネルギー(6-t)のうち、発電に使われたエネルギー[(7-k)+(8-k)-(7-t)-(8-t)]の割合を、一次エネルギー基準の電力化率といい、41.2%と計算される。この値はこれまでもずっと増加傾向にあり、21世紀中頃には60%くらいまでいくのではないかと考えられている。発電効率が4割にも満たないのに、電気に変えて使うケースが多いのは、電気でしかできないことが多いからである。そしてエネルギーとして考えても、エアコンで暖房するなら、使用するエネルギーの何倍ものエネルギーを外の冷えた大気から汲み上げることができるからである。

コークス製造あるいは石油精製でも、一部のエネルギーを「無駄」にしてエネルギーの形を変えてはいるが、そのときのロスは電気の場合と比べればわずかである。さて、これらの合計に、自家消費や統計誤差分も加えて、合計が17のカラムに示されている。全最終エネルギー消費(17-t)に占める電気(17-k)の割合は、二次エネルギー基準の電力化率と呼ばれ、21.1%まで下がってしまうが、前述のようにこの数字自身にはあまり意味がないと考えてよい。むしろ電気を使用している割合が高い部門は、以下で述べる数字以上に実質的には多量のエネルギーを使用していると考えるべきだろう。例えば民生部門である。

さて、縦のカラムの18以降は消費部門である。ここから下は、消費された分をプラスでカウントする。そしてその総合計はカラム17と一致する。全エネルギー消費は、産業(18)、民生(32)、運輸(35)と非エネルギー(38)に分けられ、そのおのおのがまた細分化されている。非エネルギーとは石油製品をアスファルトなどとして用いる場合のことでほんのわずかである。大まかにいって、全エネルギーの半分が産業に、4分の1が民生に、4分の1が輸送に用いられる。民生とは家庭と、デパートなどの業務用とに分けられ、それぞれ約半分ずつである。また輸送では、6割強が旅客、残りは貨物である。産業用として用いられているエネルギーの大部分は製造業用である。そのうちエネルギー使用量が大きい産業は、化学工業、鉄鋼でありこの2業種で約半分のエネルギーを使用している。これに続いて窯業(セメントなど)、紙パルプ、金属機

械と続く。製造業ではないが，農林水産業もこれらと同程度のエネルギーを使用している。

そして，どの一次エネルギーがエネルギー当りどれほどのCO_2発生量であるかは若干異なるものの，そして電気の元は，原子力も水力もあるが石炭も使っていることを考えると，結局エネルギーをたくさん使用しているところで，CO_2をたくさん放出しているといえることになるのである。家庭で使っている電気も，元は発電所でCO_2を排出しながらつくられているのである。

5.6 COP3で決まったこと

さて，1997年12月，気候変動枠組み条約第3回締結国会議が京都で開催された。この会議では，先進国全体で5.2%のCO_2（他のガスも含む）を1990年(代替フロン3種については1995年）を基準にして，2010年（±2年）までに減らすということで合意がなされた(Kyoto Protocol)。日本には6%の削減目標が設定された。CO_2以外のガスについては100年間の積算での影響の大きさを基礎に，メタン×21，亜酸化窒素(N_2O，笑気ガス)×310，HFC（ハイドロフルオロカーボン，以下いずれも代替フロン。エアコンなどの冷媒用)×1300，PFC（パーフルオロカーボン，半導体洗浄用)×6500，SF_6（六フッ化硫黄，絶縁ガス)×23900なる温暖化ポテンシャルの換算値（温暖化指数）を用いてCO_2に換算し，これも含めることになっている。フロン(CFC，HCFC)についてはオゾン層破壊を防ぐため，もともと生産を止めることになっていたので削減対象物質とはなってはいない。

このときに，合わせて合意された内容は，第一は90年以降の植林（木の成長）によるCO_2吸収の計上，第二はCO_2排出権の売買，第三は先進国間で共同で行われた排出削減事業による削減量を分け合う共同実施，第四は削減義務のない途上国の排出抑制に寄与した際にその分がカウントされるクリーン開発メカニズムである。いずれも抜け道ともいわれるが，それでも効果があるのであれば否定する理由はない。しかし，日本の場合，まず代替フロンの排出増大が，約

5. 地球温暖化（気候変動）とエネルギー

表 5.4 旧ソ連・東欧諸国を含む先進国の排出削減目標[23]

−8%	EU（ドイツ，イギリス，フランス，イタリア，オランダ，オーストリア，ベルギー，デンマーク，フィンランド，スペイン，ギリシャ，アイルランド，ルクセンブルク，ポルトガル，スウェーデン），ブルガリア，チェコ，エストニア，ラトビア，リヒテンシュタイン，リトアニア，モナコ，ルーマニア，スロバキア，スイス，スロベニア
−7%	アメリカ（2001年に合意から離脱）
−6%	日本，カナダ，ポーランド，ハンガリー
−5%	クロアチア
±0%	ニュージーランド，ロシア，ウクライナ
+1%	ノルウェー
+8%	オーストラリア
+10%	アイスランド

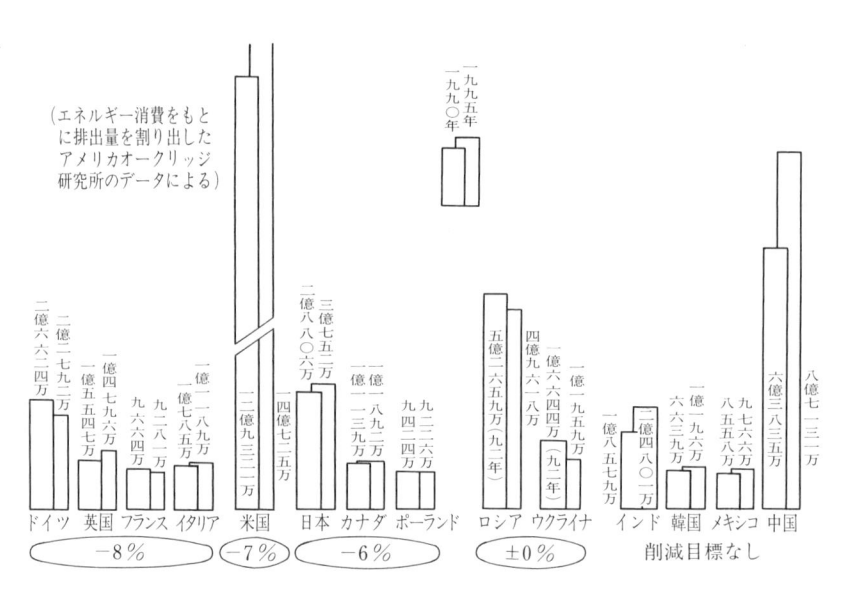

図 5.10 主要国の1990年および1995年のCO_2排出量〔単位：炭素換算t〕[23]

2%増大するものと予想されている。CO_2 については排出を2.5%削減すると
しているが，1995年現在すでに1990年に比べて9%もの排出増大となってお
り，実質的には10%以上の削減が必要となる。そのうえで不足する5.5%分の
うち，1.8%は国際取引で，また残りの3.7%は森林による吸収分でまかなう
としているが，森林による吸収分についてはどこまでが国際的に認められるの
かも定かとはなっていない。やはり抜け道といわれてもしかたがない。最近は
経済成長にかげりが出ており，地球環境には望ましいことではあるが……。

さて，他の先進国にとっては，あるいは途上国にとってはCOP3はどのよ
うな位置づけなのだろう。**表5.4**にはCOP3で決められた，旧ソ連・東欧諸
国を含む先進国の排出削減目標を示す。また**図5.10**からは，主要国の1995年
における排出量が，1990年からどの程度増大しているかが読みとれる。ドイ
ツでは東ドイツの統合により，排出量が減っており，またフランスでは原子力
の導入により CO_2 削減がなされている。これがEUの強気の主張を裏づける
ものともなっている。また旧ソ連などでは経済の落ち込みから排出量が低下し
ている。しかし，アメリカをはじめ多くの国では排出量が大きく増大してい
る。また，今回は削減目標を設定されなかった，中国をはじめとする途上国で
の伸びも大きい。ちなみに，世界全体で，1995年の CO_2 排出量は64億1200
万tであり，90年比で4.8%の増加となっている。

5.7　地球温暖化は神の与えた人類への警鐘？

　確かに地球温暖化は本当にそうなるのか，どこまで影響があるのか，不確実
な点も多い。しかし，その主因が CO_2 であり，そしてその CO_2 は，現在の世
界を支えている化石燃料から必然的に排出されるガスである。私たちは，化石
燃料が地球に蓄積されてきた数億年のその百万分の一の年月，たった数百年で
これを使いはたそうとしている。地球温暖化は，そして CO_2 問題は，神の与
えた人類への警鐘である。エネルギーの大量消費にどっぷり浸かったわれわれ
の生活と，神が与えた太陽の恩恵をどう使うべきかを，見直す時期にきている
のではないだろうか。

6 地球温暖化とCO_2対策

6.1 地球温暖化対策とは？

5章では，地球温暖化問題を取り上げ，その問題がエネルギーと深くかかわっていること，そして世界と日本のエネルギーの現状を概観した。ここでは，温暖化自身およびその主要原因物質である二酸化炭素（以下，CO_2とする）濃度増大に対するさまざまな対策の可能性を取り上げ，それぞれの長所，問題点を評価する。

CO_2をはじめとする温室効果ガス排出の削減，回収も含め，さまざまな対策を評価する前に，哲学を論じてみよう。せめて数世代は考えたい。しかし，化石燃料がなくなるであろう千年先までは考えなくてもよいだろう。数百年先をも考え，その前提の下でそれでは現在どのように私たちが行動すべきか……と考えたい。もう一つは，先進国のエゴではなく，地球規模で考えるべきである。さらには環境問題はこの問題だけではない。地域の問題も考え，そのバランスのうえに立った対策であるべきである。

これらの議論の結果は，6.9節で総括するとともに，本章の最後に三つのティータイムにまとめとして示しておく。ある技術を，著者がどう評価しているのか，興味があれば是非適宜参照しながら読み進めてもらいたい。技術者として，以下の分け方をしてみた。①理想的な進めるべき技術，②できれば実際にはやりたくないけれど，温暖化が悲惨な状態となったときのために必要

な，いわば緊急避難的な技術，そして③やってはいけない技術に分け，これをティータイム（地球温暖化/CO_2問題対策の評価…1）に示している。そのほか，ティータイム（地球温暖化/CO_2問題対策の評価…2, 3）にはその効果の大きさと，実施の困難さをさまざまな面から評価している。

さて，さまざまな対策とは，まずどのように分類されるだろうか。温暖化自身に対する対策は6.2節に，そしてCO_2以外の温室効果ガス発生抑制技術は6.3節に述べる。実際最も重要なエネルギー利用にかかわるCO_2排出抑制手法を，6.4節と6.5節で取り扱うことにする。エネルギー以外から発生するCO_2にかかわる対策は6.6節に述べることとする。これは，6.7節で述べるCO_2回収，隔離技術とも深くかかわることになる。6.8節では，これも対策という意味では，そして地球環境を守るという意味でも重要な，緑を増やす，すなわち植林を中心とした，自然の力を利用した大気からのCO_2吸収固定法について解説しよう。そして6.9節ではこれらをティータイムに整理したうえで，最初に述べた，「理想的な進めるべき技術」が進んで行くためには，どのような政治経済的手法をとるべきかを最後に6.10節で議論しよう。もちろん政治経済的手法も，「究極の」対策である。これも再びティータイムにまとめることにしよう。

6.2 対症療法（温暖化自身に対する対策）

火山の爆発などにより，灰が大気に浮遊し，地球に太陽光が到達しにくくなり，気温が下がることは知られている。それなら，人工的にエアロゾルと呼ばれる微粒子を大気中で形成させれば，火山爆発と同じような効果が期待できる。あるいは地表での太陽光の吸収を減らし，反射光を増やす。確かにこんな地球冷却技術が可能なら，温暖化は防げるかもしれないが，地球規模でこんなことを実施したら，大きな環境問題を引き起こしそうである。ところで，冷たい深海水を表層にもってくれば，表層は冷える（深海水による冷却）。しかし，その一方で，冷たく，密度が大きかった深海水は温まることになる。そうなる

と，体積が増え，結局海面上昇をさらに深刻化させる。対策がどうあるべきかは，よく考える必要がある。

温暖化によりもたらされるさまざまな現象，特に海面上昇，生態系破壊（生態系は，急激な温暖化には追随できない）・食糧生産減少（気候変動による）に対する対症療法は，いずれも非常な困難さと，経済的負担を伴うと予想される。

確かに，本当に温暖化が起こり，多方面にさまざまな影響があるのかについては，疑問を呈する科学者もいる。ただ，その影響の大きさを考えると，なんらかの対症療法的対策をとらざるを得まい。そしてそれをどうとっていくべきかをいまから考えておく必要があるだろう。特に社会経済的な問題については国際的枠組みに対する合意をあらかじめ考えておくべきだろう。

6.3 CO_2 以外の温室効果ガス発生抑制技術

フロン類，メタン，亜酸化窒素（以下，N_2O とする）などは，CO_2 に比べれば，単位量当りの温室効果は膨大に大きい。したがって，CO_2 以外の温室効果ガス排出防止技術は，一般論としては，従来の公害対策のように，CO_2 に比べれば容易なはずである。フロンについては，フロン使用の全世界的抑制，フロン回収分解は，なによりオゾン層破壊の面から至急実施すべき対策であろう。そして種々の代替フロン自身も温暖化ガスとして非常に大きなポテンシャルを有している。これらの回収分解（または再利用）も同様に，早急に実施すべきだろう。これこそ，いかにコストがかかろうと実施すべきである。

燃焼・採掘に伴うメタン，N_2O などの排出抑制も技術的に対策ができる可能性は大きい。特にロシアなどでのパイプラインからの漏洩の問題も，共同実施の大きな柱となろう。燃焼に伴う N_2O の排出抑制，これこそまさしく燃焼技術分野で窒素酸化物（以下，NO_x とする）排出抑制のために培ってきた技術が役に立つ分野である。また，これは農学の分野にはなるが，農牧畜業からのメタン，N_2O などの排出抑制，その他の微量温室効果ガスの排出抑制の可能性も，早急に検討すべきだろう。

6.4 代替エネルギー，エネルギー転換（一次エネルギー）

　すでに述べたように，化石燃料間でのエネルギー転換は，百年オーダーで考えれば，けっして最善の対策とはいえない。低炭素燃料利用や軽水炉の増設は，資源的には後悔する技術といわざるをえない。軽水炉にプルトニウムを混ぜて使うプルサーマルも，資源問題をドラスチックに変えることはないだろう。化石燃料中の水素だけを使い，炭素を埋戻すことも技術的には可能である。しかし，資源量が大きい石炭については，炭素/水素比が大きく，もし炭素を使わないとすれば，使えるエネルギーは理論的には4分の1，現実にはもっと少なくなってしまう。同様に資源量が減ってしまうという点からは後悔する技術である。

　低炭素燃料の一つである天然ガスへのシフトを対策とみなすためには，もっと天然ガスの資源量が大きいことを示す必要がある。確かにいま予測されている資源量は少ない。しかし，この地球に大量のメタンが隠れている可能性は残されている。シベリアや深海には，メタンが水と結晶をつくったメタンハイドレートと呼ばれるものがあることが知られている。原子力についても同様である。ウランについては大量のウランが海水中に溶けている。これらの資源回収技術の確立は，エネルギー転換が対策となりうる可能性を示してはいる。

　原子力については，もう一つの可能性として，高速増殖炉，核融合という将来技術が語られることが多い。しかし，原子力については，資源的な問題がなくなっても，もちろん，コスト，安全，環境面をも含めた，民意に添った技術開発が望まれることはいうまでもない。その意味では，資源量の問題が解決しても，さらに後悔すると分類される可能性もある。しかし，それでもコスト，安全，環境面での改善を含めた技術開発が，資源の少ないわが国にとっては，資源的には後悔しない高速増殖炉については必要ではないのだろうかとも思える。全国民的な討議が必要だろう。

　自然エネルギー源については，一部には例えば大規模なダム開発による水力

発電のように環境問題に配慮が必要なケースもあるが，太陽電池を用いた太陽光発電も，風力も，再生可能かつクリーンなエネルギーであり，開発を抑制する理由はまったくない。太陽電池については，電池をつくるためにはエネルギーが必要であるが，5章でも述べたように，現状でも10年以上経てば，十分元がとれる。屋根置きの場合には，架台が不要な分だけもっと早く元がとれる。コストも含めた技術的進歩に向けての，政治的配慮も含めた，一層の開発努力が必要といえよう。数百年規模で考えればいずれ化石燃料が乏しくなるのであるから，自然エネルギーへの転換は人類が目指すべき当然の方向であることを認識すべきであろう。もちろんその中には，人類が過去最も頼りにしてきた，薪などのバイオマスもある。しかし，例えば樹木を考えると，太陽エネルギーから有機物へのエネルギー転換効率は，けっして高いものではない。そのため，太陽電池よりもさらに広い面積が必要となる。また，海洋温度差発電などの海洋エネルギーの利用は，非常に大きな規模での自然エネルギー利用となる可能性はある。しかし，その実現はしばらく先のようである。

太陽エネルギーは，例えば同じセルであっても，地域により数倍もの出力の違いがありえる。しかしながら，前述のように，高出力地域は，例えば砂漠など，消費地から遠く離れていることが多い。電気はもちろんのこと，エネルギー輸送にはコスト，エネルギーロスなどの問題が伴う。WE-NETという水素でエネルギーを運びそれを使う技術も検討されている。しかし，これらに限定するのではなく，そして太陽の導入段階では化石燃料との複合化，あるいはバイオマスエネルギーとのカップリングも含め，さまざまな輸送や使用段階も含めて考えた，多面的かつ長期的な技術開発も必要である。すなわち，一次エネルギー輸送のための二次エネルギーシステムの開発である。

新エネルギー技術というと，先進国での技術と考えがちである。しかし，現状でのエネルギー使用量の大部分が化石燃料であること，またその化石燃料が最も運びやすいエネルギーであること，そして低緯度で豊富な太陽エネルギーが得られる地域には途上国が多くあることを考えると，途上国でのエネルギー源として太陽電池の積極的利用を進めることは，世界的にみれば重要と思われる。

もちろん日本で化石燃料を豊富に使ってよいというわけではない。日本の中でやるべきことは、けっしてCO_2削減ではなく、エネルギー「消費」の削減である。それもエネルギー多消費産業の海外流出によるのではなく。

6.5 省エネルギー（エネルギー変換と二次エネルギー）

前述の論旨は、日本で太陽電池を使うかわりにその分を途上国に運び、その国での電源として使用する。一方では日本では運んでもロスが少ない化石燃料を輸入して使用しつづける。そしてその高効率利用、省エネルギーの積極的推進を進める。そのかわりもちろん途上国にはどんどん太陽電池を使ってもらう。どう援助していくかという方法論には問題があるが、同じ太陽電池量と、同じ化石燃料使用量であれば、地球規模ではより効率的と思われるということである。

加えて、現状で途上国とは桁違いに多い一人当りのエネルギー使用の多さを考えると、先進国におけるライフスタイルの変更なしには、途上国をも含めた全世界的なエネルギー使用量の削減は、国際合意がとれるようになるとは思えない。

日本国内での産業（生産業に加え、電力なども含め）における省エネルギー・高効率化はもちろん重要であるが、国際共同による全地球規模でのCO_2削減という面からは、日本が誇る効率と、省エネ、そして環境対策技術を国外特に化石燃料や、貧しい植生からのバイオマスに頼る（すなわち、木を切ることによって砂漠化が進んでいるような）途上国へ技術移転すれば、もっと効果は大きいはずである。そのうえ、NO_x、硫黄酸化物（以下、SO_xとする）などの排出抑制にもつながる。

さらに、われわれ技術者は、なにが地球に優しいかを、正確に情報発信する義務がある。例えば、「資源リサイクル」は最終廃棄場所の問題からは望ましいとしても、リサイクルがすべての面で地球に優しいとは限らないことはすでに述べた。エネルギーだけはリサイクルできないのである。そしてその分、

CO_2 が排出される。

日本の中での省エネルギー，高効率化とはどうあるべきだろう。発電，産業，家庭内の電気機器，省エネルギー住宅など，もちろんそれぞれ期待はある。しかし，システムそれ自身が変化することで，大きな省エネルギーが達成できそうなものは運輸システムだろうと思われる。そのことも含め，都市それ自身が，もしエネルギー，環境に視点を置くなら，まったく異なったものになるべきなのだろう。

6.6　エネルギー以外の CO_2 排出源

エネルギー使用により発生する CO_2 量に比べれば，わずか数％にも満たないが，セメント原料として，あるいは脱硫などに用いられる石灰石からも CO_2 は発生する。石灰石は酸化カルシウムと CO_2 から構成される化合物であり，セメントプロセスのような高温で熱せられると CO_2 だけが排出される。その上，石灰石から CO_2 が発生する反応は，吸熱反応でありエネルギーも必要である。脱硫プロセスの場合には，CO_2 が排出されて代わりに SO_x が吸収される。

地球上に豊富に存在する，珪酸塩あるいはアルミン酸塩はアルカリ性の例えば酸化カルシウムや酸化ナトリウムと，中性に近いシリカやアルミナ（いずれも土の主成分）とが反応した岩石である。そしてこれらの岩石は，地球の長い歴史の中で，地球上の水と CO_2 からできた炭酸と反応し，中和するというプロセスにより，CO_2 を吸収してきた。このプロセスで，地球が生まれたときになんと60気圧もあった CO_2 を，現在の 300 ppm 程度（3/10 000 気圧）まで下げてきた。

しかし問題は，この反応の速度が，CO_2 の生成速度と比べると非常に小さいことである。CO_2 を直接吸収するのは難しいとしても，もし十分広い土地があり，高効率を求めなければ，石灰石で脱硫する代わりにこのような物質を脱硫に使えるかもしれない。あるいはカルシウムを主成分とするこれらの岩石

や，あるいは鉄鋼プロセスから排出される鉄鋼スラグをセメント原料として石灰石に代えて用いれば，石灰石から排出されるCO_2がなくなることになる。特に，鉄鋼スラグについては，若干の輸送エネルギーをかけるだけでリサイクルできるなら，全量セメント原料とすべきである。

6.7　CO_2の分離・回収・隔離・固定

CO_2は，化石燃料の炭素が空気中の酸素により燃えたときに発生する。したがってCO_2回収のためにはまず，CO_2を空気中の燃焼反応に関与しないガス，窒素から分ける必要がある。そのためには多量の分離のためのエネルギーが必要であるが，技術的にはそう困難ではない。問題はむしろ分離したCO_2をどうするか？　である。

一つの方法は，大気から隔離する方法である。人工的な例えば炭酸飲料などでのCO_2利用拡大は，確かに使用過程では大気からCO_2が隔離されているが，しかし，その量はけっして多くはない。したがって現実みのある隔離先としては，天然ガス廃田・石油廃井（両者を併せて地中処理といわれる），浅海・中層水・深海（海中処理）などが考えられる。しかしそのためにはやはりエネルギーが必要である。かつ海については環境面での心配もある。研究は必要ではあるが，これらは後悔する，緊急避難技術である。

つぎに思いつくのは，CO_2を他の大気と混合しない物質に変えること。専門家の間では，そのプロセスの違いにより，有機化学的，生物的CO_2固定・利用と呼ばれる。結局CO_2から有機物をつくることである。しかしながら，この方法は残念ながら，CO_2固定法の一つであるとは考えることができない。CO_2発生の際に得られたエネルギー相当のエネルギーが，再びCO_2から有機物に戻すために必要となる。これを化石燃料から得てしまっては，元も子もない。したがって，通常太陽エネルギーの利用を想定するが，それならばはじめから太陽エネルギーをエネルギー源として用いてしまえばよいのである。結局太陽エネルギー利用の一形態にすぎない。したがって，太陽エネルギー利用効

率が，CO_2 を経た場合には高いのかどうかということになるが，通常は，非常にエネルギー順位の低い CO_2 を経ることによって，全体の効率がよくなるとは考えにくい．6.4節で述べた太陽エネルギーの輸送手段として CO_2 を用いることもできるが，しかしやはり固定ではない．

有機物以外で，CO_2 を固体として固定できるものは？ あるとすれば無機炭酸塩である．しかし，自然界に存在し，アルカリ性を示して無機化学的に CO_2 を吸収できる物質はあるのだろうか．6.6節で述べたアルカリ性の珪酸塩など（あるいはスラグ，廃コンクリートなどの廃棄物）は CO_2 をエネルギーをかけずに吸収することは可能である．吸収を水を関与させて行う場合を岩石風化という．しかし，問題はいかに速く吸収させるか．粉砕により速度は上がるが，粉砕エネルギーが必要となる．後悔の度合いは小さいが，それでも後悔する技術ではある．

6.8 大気からの CO_2 吸収・固定（植林など）

CO_2 は森林破壊によっても放出されている．それも，化石燃料からの排出の4分の1から3分の1にもなる．大気中に残留する CO_2 の量は，森林破壊により発生する CO_2 の2倍にすぎない．その上，行方不明の CO_2 もじつは森林が吸収しているのではないかといわれている．

さて，森林保護を行えばどうなるか．図5.6からわかることは，大気中にたまっていく CO_2 量は，森林破壊により排出される CO_2 量の約2倍．ということは CO_2 が大気にたまっていく速さは，半分になる．その上で，いままで人類が破壊してきた速度（約0.1億ha/年）で森林をつくっていけば，大気にたまる量はほとんどゼロとなる．大事なことは，樹木が光合成をした結果生成した炭素が，森林の中で木の形でためられていることである．いわば，大気の中にある CO_2 から自然につくられ，自然にためられる．この点が，6.6節で述べた回収した CO_2 からの人工的な，生物的固定とは大きく異なる点である．

植林で CO_2 が固定できるのは，森林中には大量の炭素が保持されているか

らであり，森林がつねにCO_2を吸収するからではない．成長過程の森林のみが炭素を固定できるのである．それでも，いまほとんど木が植えられていない砂漠は，地球上で40億haもある．草原も20億haある．砂漠緑化・植林は，農地としての利用とは競合しない．しかも，膨大な面積が対象となりうることは間違いがない．

　降水量の少ない砂漠への植林のためには，水をうまくため，有効に利用する手法をつくりあげていく必要がある．砂漠にしても，もともとの砂漠ばかりではない．人類が木を切り，燃料とし，そしてもともと木が蒸散を行い，その水蒸気がその場所に雨を降らせていたという状況を考えると，植林が，その場所への降雨をもたらすという効果も期待できる．

　いますぐできる最も合理的な対策技術は森林破壊の防止と植林である．問題となっている途上国での森林破壊の原因の一つは，日本も含めた先進国が，森林資源を求め，森林開発を行うことであるといわれる．本来は再生可能資源であるはずの木材．森林再生に投資をするとすれば，木材も，紙ももっと高価なはずである．森林それ自身，その保水力など，評価できないさまざまな価値もある．さらに余剰の生産物はバイオマスエネルギー源として利用することも可能である．なお，もしこのようにして得られた木材を，砂漠に積み上げておくなら，固定量は吸収した分だけどんどん増えていくことになる．しかし，どうも現実みがないのは，小国日本の民だからだろうか．木材住宅促進など，木材利用拡大はその意味で重要ではあるが，やはり規模としてはそう多くは見込めない．

　途上国の人口増大に伴う食糧生産の増大のための焼き畑．ここでも技術移転の価値はある．ただし，日本のシステムをそのままもっていくことはできない．

　砂漠周辺地域での，樹木のエネルギーとしての利用も植生破壊の原因の一つである．CO_2を多く出す化石燃料，石炭をかりに用いるとしても，これをガス化して，または液体として効率よく利用できるようにするなら，エネルギー消費量は大幅に削減できる．さらには太陽エネルギー．しかし，その面積当りのエネルギー密度は非常に小さい．これらのことを考え，国情に応じたもっと効

率の良い，自然エネルギーと化石燃料を結合させたシステムの構築が必要である。

植林では，確かに炭素固定のために太陽エネルギーを用いている．しかし，その太陽エネルギーは，通常人類が使用できない，少なくとも日本での太陽エネルギーではない点，そして植林後は，基本的には森林をエネルギー源として用いるのではなく単に炭素の保存場所として用いる点（もちろん一部は可能ならバイオマスエネルギーとして利用することもあろうが），そして大気から吸収する点が，6.7節で記載した生物的固定とは異なる．

植林を行うこと．若干のエネルギーは必要かもしれないが，それでも環境面から見れば，後悔はしない．さらにバイオマスエネルギー利用まで進めるとすれば，後悔することなどありえようはずがない．

これに類する対策としては，海洋微生物を増やすこと．外洋は貧栄養状態にある．したがって鉄などの微量成分，あるいは窒素，リンなどの主要元素を海洋施肥することで，生物に固定されている炭素は増大することが期待される．これも太陽エネルギーを用いるが，エネルギーシステムではない．問題は，肥料の製造や輸送，散布のエネルギー．貧栄養状態とはいいながらも，海洋に対する環境影響．固定された有機物は，深海に運ばれ分解し，深海での酸素不足をもたらす．また，リンについては資源量の問題もある．付加的なエネルギーは必要である．環境面の問題もある．しかし，もし魚の養殖などの食糧問題対策と結合すれば，ひょっとしたら後悔をせずにすむかもしれない．

数年前に，珊瑚礁でCO_2を固定するという対策が新聞紙上を賑わせた．しかし，海洋中の炭酸水素イオンを用いて珊瑚礁の主成分である炭酸カルシウムを形成する反応には，必ずCO_2の大気への放出を伴う．したがってこれは，第一次近似的には，むしろ大気中のCO_2を増やす技術である．後悔するどころではない．しかし，珊瑚礁の場で，上述の施肥を行うなら，必要肥料量は少ないといわれている．窒素固定菌が共生しており，また少ないリン量と多量の炭素とで有機物をつくるからである．しかしそれが表層で分解したら元の木阿弥．そのようにしてつくられた有機物が深海に運ばれる必要がある．さらには無機的にはCO_2の放出となるという点と，どちらが勝るか？など，実質的に

固定となるかどうかがまだ科学的に議論されている段階である。なかなか現実には実現は難しい技術である。

深海水は，生物分解による栄養塩も多く含むが，その分 CO_2 も多く溶解しており，これを表層にもってきても，生物的固定量は増えない。しかし，物理的吸収量は，古い深海水では少ない。昔の CO_2 濃度と平衡していたからである。しかし，重い深海水を表層にもってきて CO_2 を吸収させようとしても，膨大なエネルギーが必要となる。海洋温度差発電や，養殖，あるいは珊瑚の育成など，他のさまざまな面からの資源・食糧・環境・エネルギー対策と併せ考え，複合的な対策をすべきだと考えられる。

6.9 地球温暖化対策

いままでの議論をすべてまとめてティータイムにしてみた。図 **6.1** に示すように，どの技術が，「地球温暖化問題対策としてその技術を採用したが，例えば他の技術により解決されたため，問題がさほど顕在化しなかった」ときに，「その対策を採用したことを後悔する」ことになるか，すなわち，CO_2 問題以外の，資源問題あるいは環境問題からは実施してはいけない技術かが後悔する技術として整理されている。

また，詳しくは述べなかったが，図 **6.2** には，それらの対策の効果，すなわちどれほど安定な技術か，あるいは規模が大きい技術かがまとめられている。

規模の大小にはよらず，なぜ後悔しない技術がいままで実用化されてこなかったのか。それは，図 6.3 に示した技術・経済的，あるいは（国際）政治面のいずれかの問題があったからである。

しかしながら，是非強く主張しておきたい。図 6.1 の，エネルギー資源を含む非再生資源の保存につながる技術，あるいは他の環境問題にとってもよい効果が期待できる技術，すなわち地球温暖化がそれほどの影響をもたらさなかった場合でも，採用したことを「後悔しない」技術については，図 6.3 の，技術，経済，あるいは（国際）政治面から問題があっても，それを解決する方向

6. 地球温暖化とCO_2対策

― ティータイム ―

地球温暖化/CO_2問題対策の評価……1

図6.1の横軸はエネルギーを含めた非再生資源の問題。資源を浪費する方向あるいはより資源量の少ない資源にシフトするような対策は左に，一方資源の面から好ましい方向は右に位置づけた。縦軸は他の環境問題への影響。上のほうには他への環境にも好ましい方向の対策を，また下のほうには他の環境に対する配慮を要する対策を，また，中央部の☐の中には，他の環境に対する影響が小さいものをあげた。すなわち，右上にいくほど，CO_2問題を考慮しなくとも，好ましい対策である。一方左下は，気候変動の影響が大

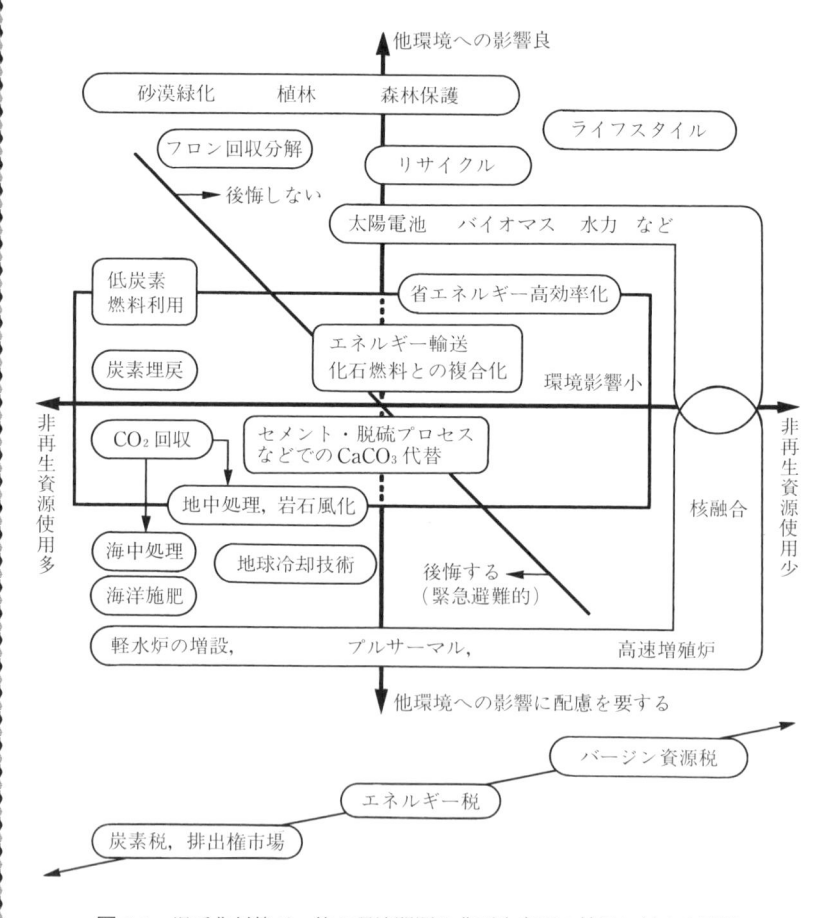

図6.1 温暖化対策が，他の環境問題や非再生資源の枯渇に対する影響

きい際にやむをえずとるべき緊急避難的対策であり，もし気候変動の影響がさほど大きくない場合には，このような対策をとってしまうと，後で後悔するであろう対策である。経済的対策についても後悔する対策を進めるものは後悔する，また後悔しない対策を進めるものは後悔しない方向に位置させた。

ティータイム

地球温暖化/CO_2 問題対策の評価……2

各対策技術の効果を二つの面から検討した。一つは安定性，確実性であり横軸に置いた。現在の技術で対応可能であり，確かに CO_2 の排出削減となる技術は安定，確実とした。当然開発中の技術は開発に伴って右方にシフトすることが期待される。これも矢印で示した。もう一つの軸は規模であり，将来に大きな可能性を残すものも規模は大とした。

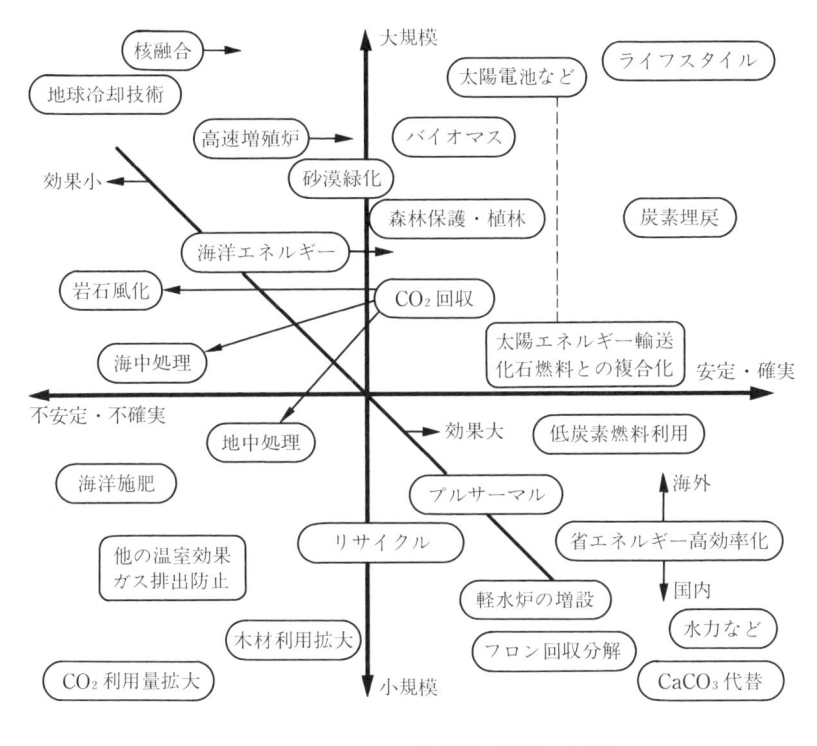

図 6.2 それぞれの温暖化対策の規模と安定性

6. 地球温暖化とCO_2対策

ティータイム

地球温暖化/CO_2問題対策の評価……3

おのおのの温暖化対策は，その実施において，解決すべき課題が存在する。ここでは技術・経済的難易度を縦軸に，また国際協調のとりやすさ，とりにくさを横軸にとった。本来とるべき対策，例えば森林破壊防止は，技術的・経済的には非常に安価にできるはずのものであるが，途上国にとってはそれが現金収入の道と考えれば，先進国がこれを強制することは困難となる。一方高速増殖炉，核融合についてはむしろ技術的問題が大きい。太陽電池は日本ではコスト的にまだまだであるが，例えば電線のない途上国の一部地域では，当然のように普及が可能となる。このような海外立地を考えた可能性も矢印で示した。

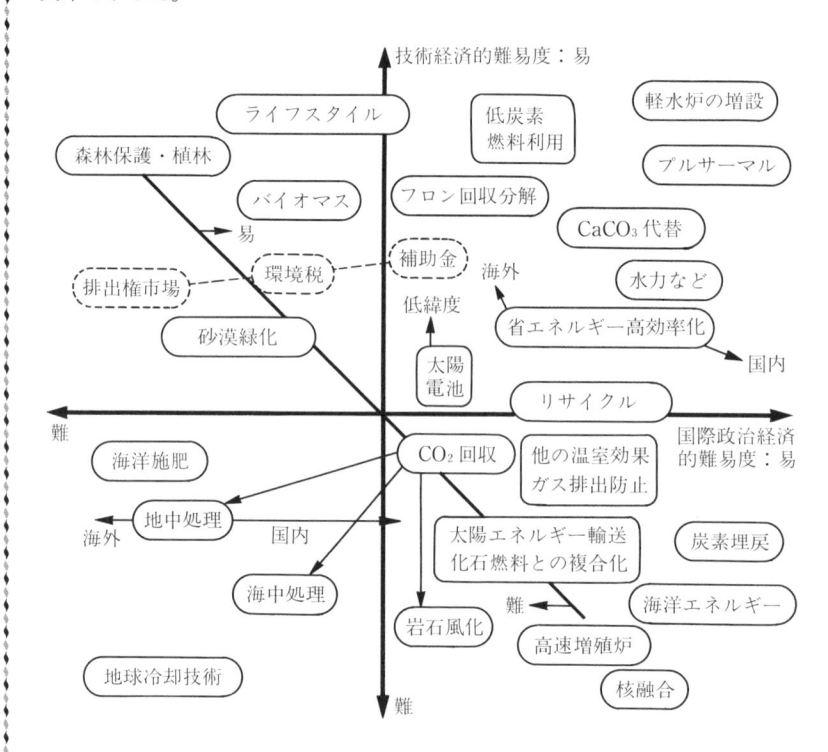

図6.3 それぞれの温暖化対策実施におけるさまざまな困難

で，農・工学あるいは政治経済的手法を確立するべきである．他の項の評価が高い技術，手法であれば，むしろ「可能性」が低い対策に対しての，われわれの寄与が期待されていると理解するべきであろう．図6.2の効果については規模が大きかろうと小さかろうと，できるところからやるべきであろう．新エネルギー・砂漠緑化などについては，技術，コスト面から，また森林破壊防止，植林，フロン回収などについては政治経済的な，リサイクル，省エネルギーなどについては両面からの「努力」が必要といえよう．

一方，後悔する技術，特に少ない資源量の資源にシフトする方向性の，天然ガスや軽水炉への過剰なシフトは，技術的にも経済的にも可能性が高いゆえに，安易にとるべき技術ではないことを強く主張したい．その一方で，高速増殖炉，あるいは深海・地中貯留については，技術開発の必要性は認めるべきだろう．しかし，特に深海貯留については，いずれにせよ，後悔する技術であることを認識すべきである．

6.10 政治経済的手法（「理想的な進めるべき技術」を進めるために）

これまで，対策技術の評価を行ってきたが，これらをふまえ，どのような政治経済的手法により，対策をすすめるべきかを議論しよう．

数値目標設定についての議論がいま華やかである．しかし，2010年だけの問題ではなく，数百年先を見た2010年であるべきである．さらには，日本国内では問題は輸送，そして民生．さらには，日本でできないあるいは日本でやるより効果が上がると思われるのは，国際協力による植林，高効率化，太陽エネルギーの普及である．単なる数値目標ではなく，実質を伴う，グローバルな視点からの提案が必要である．

炭素税，あるいは，全世界での総排出量とその国ごとの割り振りを定め，多く排出する国は排出権をどこかから購入するという，排出権市場の考え方は，確かに第一歩としては導入が必要であろうが，しかし，これらによって技術的には容易で，しかし資源量の少ない軽水炉，天然ガスにシフトすることが懸念

される。よってそのままでは，実施したことを後悔する技術を推進することとなる。したがって図6.1では，資源量の点から，「後悔する」ほうに配置させてもらった。しかし，これに資源量への配慮，あるいは植林に対する払い戻しなどを加えるのなら，より望ましい方向となるであろう。

それよりむしろ，エネルギー税額をもっと高くすべきであろう。さらに，いま議論に上っている，炭素税1t当り3千円という額は，現在石油などに課税されている額に比べて，一桁小さい額であり，最も削減すべき民生への効果は期待できない。もちろんそのような税収を，補助金として新エネルギーの開発や植林などにつぎ込むことは非常に重要なのではあるが。

パルプ生産による熱帯林の破壊も含めた，非再生資源の使用量を削減するには，バージン資源税が理想的な後悔しない税ではないかとも思う。もちろん化石エネルギーを含むすべての資源の使用量を押さえる方向に働く。そしてゴミ問題も意識してのことである。ゴミの削減にもつながることは，すでに4章で述べたとおりである。そして，これらの使用量削減は，当然 CO_2 排出抑制にも間接的につながることが期待される。もちろんどのように課税額を決めるのかは問題があるが，例えば資源量に対する生産量の比に比例したパーセントを価格に上乗せするなどの方法が考えられよう。

ただし，上記のいずれでも，もし日本一国での実施を想定するなら，輸出入における取り扱いに注意する必要がある。エネルギーを多く使用して生産された製品については，輸入時には相当分を課税し，一方輸出時にはその分を払い戻す必要がある。そのためにはLCA（ライフサイクル評価）の概念による正当な評価が必要である。

上記のようなさまざまな視点から，政治的，経済的手法についても「後悔しない」手法，すなわち「後悔しない」対策を進める方向に働く手法の導入が強く望まれるのである。

おわりに

　最後にいままでの繰返しにはなるが，東京新聞サンデー版1997.1.5に「望まれる省資源の経済システム」として掲載された，著者の主張を引用（一部の文章は初稿の段階のものを復活させたが）し，まとめとしておこう。新聞というのは，けっして十分な紙面を与えてはくれない。しかし，限られた紙面でいかに主張するか，訓練の結果である。本書のまとめとして，一読いただければ幸いである。そして，この結論は，じつは，4章で予告したとおり，4章と6章の二つの共通する結論でもある。

　「地球温暖化（気候変動）は，人類の将来にとって避けることができない大きな問題である。COP 3での，温室効果ガス発生抑制に向けた先進国間の合意は，この問題に立ち向かう第一歩として評価できよう。しかし日本にとって6％の削減とは厳しい数字なのか，甘い数字なのか。1990年からすでに10％も排出量が増大していることを考えると，厳しい数字といわざるをえまい。途上国への対応は，まず先進国が模範を示してからとするのはやむをえない。CO_2以外のガスを含むというのは，エネルギー消費の削減に抜け道を与えるともいえるが，フロン類の回収などは必要なことである。

　2010年はゴールではなく，一段目にすぎない。将来への呼び水となるべきである。国ごとの目標設定もゴールではなく，地球全体の排出抑制がゴールである。日本だけが天然ガスを用いてCO_2排出を削減しても，途上国で大量の石炭を低効率で用いるなら，なんの意味もない。汚染物質を多量に含むが資源量の多い石炭をきれいに効率よく使う技術開発が日本にも求められている。安易な天然ガスへの転換は，資源量からみると後世に禍根を残す。原子力への転換も，軽水炉だけを用いるのならウラン資源量の問題が待ちかまえている。高速増殖炉については多々議論があるが，豊富な資源を誇る将来技術の一つとして，安全・環境面をも含めた技術開発は進めるべきだろう。

　共同実施，クリーン開発メカニズム，植林の評価などの枠組み自身は重要で

おわりに

はあるが，抜け道となってはならない．その実現に向けた評価法と仕組みづくりが肝要である．特に森林破壊防止と植林は，環境面から見ても非常に重要な課題である．評価が難しいから採用しないのではなく，控えめな評価でもよいから是非積極的に進めたい施策である．

世界で，そして日本が世界の一員としてなすべきことは長期的なエネルギーシステムの構築である．炭素税・CO_2排出権市場の導入は，天然ガスや軽水炉へのシフトを進めることになり，長期的な視野とはいえない．そもそもエネルギーは安すぎる．原油が水より安くてよいのだろうか．エネルギー税強化によりライフスタイルを見直し，省エネルギー・高効率化技術を導入し，一方で新エネルギー開発を進めるべきである．しかしエネルギー多消費型産業を安易に海外移転させたのでは，地球のためにはならない．国際競争力を保つには，輸入品には相応の課税，輸出品には税の払い戻しが必要である．そのためには，企業は製品の製造エネルギーを公開する必要がある．

願わくば，エネルギー資源に限らず，資源全般の消費抑制を目指し，後世に残したい．それがおのずとCO_2排出抑制とゴミの削減につながる．例えばバージン資源税の導入．リサイクルすべきものがおのずとリサイクルされるような経済の仕組みづくりが望まれる」．

引用・参考文献

1) D.H.メドウズ，D.L.メドウズ，J.ラーンダズ，W.W.ベアンズ3世，大来佐武郎監訳：成長の限界，ダイヤモンド社（1972）
2) エネルギー教育研究会：現代エネルギー・環境論，p. 67，電力新報社（1997）
3) エネルギー教育研究会：現代エネルギー・環境論，p. 65，電力新報社（1997）
4) 木村恒行：公害の理論，p. 85，朝倉書店（1971）
5) 茅 陽一監修：環境年表，p. 402，オーム社（1995）
6) 小島紀徳：二酸化炭素問題ウソとホント，p. 15，アグネ承風社（1994）
7) 化学工学会編：化学工学辞典，第3版，p. 564，丸善（1986）
8) 阿部真一，佐々木正一，松井英昭，久保 馨：自動車技術会学術講演会前刷集，975（1997）
9) エネルギー教育研究会：現代エネルギー・環境論，p. 143，電力新報社（1997）
10) 化学工学会エネルギー開発特別研究会監修：クリーンコールサイエンスハンドブック，石炭利用総合センター，pp. 16-17（1998）
11) 坂田俊文編著：地球環境セミナー1，地球環境とは何か，p. 29，オーム社（1993）
12) 小宮山宏編著：地球環境のための化学技術入門，p. 147，オーム社（1992）
13) 小島紀徳：二酸化炭素問題ウソとホント，p. 160，アグネ承風社（1994）
14) 小島紀徳編：地球環境セミナー5，緑が作る地球環境，p. 35，オーム社（1993）
15) 環境庁資料：集英社 imidas' 99，p. 562，集英社（1999）
16) エネルギー教育研究会編：現代エネルギー・環境論，p. 33，電力新報社（1997）
17) 茅 陽一，他編：地球環境工学ハンドブック，p. 493，オーム社（1991）
18) 小宮山宏編著：地球環境のための化学技術入門，p. 155，オーム社（1992）
19) 国井大蔵：熱的単位操作下，pp. 272-293，丸善（1978）
20) 化学工学会：化学工学便覧改訂6版，pp. 406, 903，丸善（1999）
21) 亀山秀雄，小島紀徳：エネルギー資源リサイクル，p. 12，培風館（1997）
22) 小川紀一郎：PLASPIA，No. 105，pp. 40-50（1999）
23) 東京新聞サンデー版 1999.2.7，1・8面

24) 化学工学会エネルギー開発特別研究会監修：クリーンコールサイエンスハンドブック，石炭利用総合センター，p.1（1998）
25) 小島紀徳：二酸化炭素問題ウソとホント，p.84，アグネ承風社（1994）
26) エネルギー教育研究会：現代エネルギー・環境論，電力新報社，p.27（1997）
27) 東京新聞サンデー版 1997.1.5, 1・8面
28) 省エネルギーセンター：98（1998 から引用）

著者略歴

1975年　東京大学工学部化学工学科卒業
1981年　工学博士，東京大学助手，専任講師を経て
1987年　成蹊大学専任講師，助教授を経て
1994年　成蹊大学教授
　　　　現在に至る

　　　専門分野：化学工学

21世紀が危ない
─環境問題とエネルギー─

Ⓒ (社)日本エネルギー学会　2001

2001年4月12日　初版第1刷発行
2006年4月25日　初版第2刷発行

検印省略	編　者	社団法人　日本エネルギー学会

　　　　　　　　　東京都千代田区外神田6-5-4
　　　　　　　　　偕楽ビル（外神田）6F
　　　　　　　　　ホームページhttp://www.jie.or.jp
　　　著　者　　小 島　紀 徳
　　　発行者　　株式会社　コ ロ ナ 社
　　　　　　　　代 表 者　牛 来 辰 巳
　　　印刷所　　富士美術印刷株式会社

112-0011　東京都文京区千石4-46-10
発行所　株式会社　コ ロ ナ 社
CORONA PUBLISHING CO., LTD.
Tokyo Japan
振替00140-8-14844・電話(03)3941-3131(代)
ホームページ http://www.coronasha.co.jp

ISBN 4-339-06821-7　　（柏原）　（製本：愛千製本所）
Printed in Japan

無断複写・転載を禁ずる
落丁・乱丁本はお取替えいたします

シリーズ　21世紀のエネルギー

(各巻A5判)

■(社)日本エネルギー学会編

		頁	定価
1.	21世紀が危ない ― 環境問題とエネルギー ―	小島　紀徳著	144	1785円
2.	エネルギーと国の役割 ― 地球温暖化時代の税制を考える ―	十市　　勉 小川　芳樹共著 佐川　直人	154	1785円
3.	風と太陽と海 ― さわやかな自然エネルギー ―	牛山　　泉他著	158	1995円
4.	物質文明を超えて ― 資源・環境革命の21世紀 ―	佐伯　康治著	168	2100円
5.	Cの科学と技術 ― 炭素材料の不思議 ―	白石・大谷 京谷・山田共著	148	1785円

以下続刊

ごみゼロ社会は実現できるか　行本　正雄他著　　　太陽の恵みバイオマス　松村　幸彦編著

標準応用化学講座

(各巻A5判，欠番は品切です)

■編集委員　疋田　強・向坊　隆・岩倉義男

配本順			頁	定価
2.(3回)	無　機　化　学	松浦・吉野 久保　　　共著	268	903円
5.(6回)	分　析　化　学 - II	鎌田　　仁著	538	5040円
6.(10回)	分　析　化　学 - III	鎌田　　仁著	582	6720円
8.(9回)	無機製造化学概論	久保　輝一郎著	378	3675円
9.(11回)	有機製造化学概論	石井　義郎著	228	2625円
10.(15回)	有機合成化学	岩倉　義男著	412	4305円
24.(14回)	無機材料化学 - I	野田　稲吉著	256	3570円

定価は本体価格+税5％です．
定価は変更されることがありますのでご了承下さい．

図書目録進呈◆